아이 중심 읽기★수업

초등 입학 전, 엄마표 읽기 전략

아이 중심 읽기★수업

강민경 지음

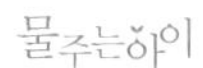

프롤로그

엄마는 아이의 가장 훌륭한 언어 지도사입니다

"옆집 아이는 벌써 읽고, 쓰기까지 잘한다는데, 우리 아이 한글은 도대체 늘지 않아요."

아이가 인생에서 가장 본격적으로 시작하는 학습이 바로 '읽기'와 '쓰기'일지도 모른다. 그 전에는 무엇인가를 가르쳐 준다고 하더라도 엄마나 아이 그 누구도 그것이 학습이라 생각하지 않는다. 그런데 유독 '읽기'와 '쓰기' 활동만은 굉장히 학습적인 것이라 생각한다. 그래서인지 자녀를 또래 친구들과 비교하며 더 조바심을 내곤 한다.

'내 아이가 읽고 이해하는 것을 조금 어려워하나?'

'우리 아이 문해력이 낮은 건가?'

분명히 말로 설명해 주고, 말로 답해 보라고 하면 잘한다. 몇 년 전까지만 해도 읽고, 쓰는 능력이 또래와 다르지 않았다. 그런데 나이가 많아질수록 아이가 점점 버거워하는 것 같다는 생각이 든다. 주변에 물어보면 책을 많이 읽히라고 한다. 읽는 걸 자신 없어 해서 걱정인데, 해결책으로 책을 많이 읽게 하라니. 이것이 걸음마를 잘 못하는 아이에게 달리기 훈련을 많이 시키라는 것과 뭐가 다르단 말인가. 사실 아이들의 문해력은 본격적인 읽기-쓰기 학습을 시작하기 전인 취학 전, 조금 더 빠르게 본다면 배 속에서부터 이루어지기 시작한다. 즉 단순히 글자를 읽고, 쓰기 전인 말하고 듣는 과정에서부터 읽기-쓰기 발달이 이루어지는 것이다.

말하고 듣기에 어려움이 있는 아이들 또는 읽고, 쓰기에 어려움이 있는 아이들과 일 년 내내 지지고 볶으며, 함께 성장해 나가는 나의 직업은 언어재활사다. 부모님들과 상담을 하다 보면 각기 다른 아이들을 키우면서도 대개 비슷한 고민을 가지고 있음을 느낀다. 물론 딸 둘을 키우고 있는 나 역시도 마찬가지다. 그 고민은 바로.

'무엇이 문제인가? 그 문제를 해결하기 위해서 내가 무엇을 해 주어야 하는가?'이다.

'사공이 많으면 배가 산으로 간다'는 말은 아이 교육에 적용되지 않는 말이다. 아이를 키우고, 양육할 때 사공이 많으면 배는 목적지에 더 빠르게 도착할 수 있다. 내 아이를 가장 잘 알고 있는 엄마, 아빠가 기꺼이 사공이 되어 주는 것이 굉장히 중요하다. 특히 읽기 교육은 스스로 책 읽기를 시작하기 전에 엄마, 아빠와 함께 가정에서 시작되기 때문에 엄마가 어떤 사공이 되어 줄 수 있느냐는 아이의 문해력에 큰 영향을 주게 된다.

즉 '내 아이의 문해력'을 의심하기 전에 보다 궁극적인 문제 해결을 위해 알아야 할 사항, 문제가 벌어지기 전에 미리 예방할 수 있는 방법이 무엇인가를 제대로 알아야 한다.

읽기와 쓰기라는 기술을 가르치기 전에 말하기와 듣기를 잘하게 만드는 것.

그래서 새로운 정보를 얻고, 다른 사람과의 소통을 통해 나누고자 하는 마음을 갖게 하는 것. 더 많이 알고, 더 많이 익히기 위해 책을 보고 싶다는 생각이 들게 하는 것.

그래서 책을 좋아하게 되고, 진짜 책 읽기를 하게 되는 것.

이런 뻔한 루틴이 통하게 하는 방법을 알아야 한다.

멋지고 대단한 방법을 능숙하게 잘 해내는 엄마들을 볼 때면, 내가 부족한 엄마라, 내가 멋지지 못해서 아이에게 잘해 주지는 못한다는 생각에 위축되기도 한다. 가끔은 잘 따라 주지 않는 아이를 보며 화도 나고, 감정을 잘 추스르지 못해 버럭 화를 내 버리기도 한다. 하지만 금세 후회하고, 내가 왜 그랬을까 하며 반성하기도 한다.

엄마들이 모두 대단한 전문가일 수 없지만, 엄마라면 누구보다 내 아이를 잘 알고, 누구보다 내 아이가 잘되길 바란다는 강점을 가지고 있다. 늘 후회하고 반성하지만 이내 더 좋은 방법을 생각하고 더 나은 방법을 시도한다. 그 과정 안에서 우리 아이들과 엄마는 모두 조금씩 자라난다. 우리 모두 매일매일 시도하고, 또 자라나는 것이다. 그 과정에서 나에게 힘이 되어 줄 하나의 작은 팁. 그것들을 이 책을 통해 전하고자 한다.

다양한 아이들에게 판에 찍은 듯한 똑같은 교육 방법이 먹힐 것인가? 누구나 고개가 끄덕여지는 방법이지만, 전문가들이나 할 수 있을 법한 그런 교육 방법을 엄마가 시도할 수 있을 것인가? 절대로 그렇지 않다. 이 책에서는 아이 중심 책 읽기를 가능하게 할 마법 같은 방법을 제공하고 있다. 각기 다른 기질을 가지고 있는 각각의 아이들에게 적합한 읽기 지도법. 전문가가 아니라도 누구나 쉽게 따라 할 수 있는 지도법을 담았다.

옆집 아이를 보며 내 아이가 이미 늦었다고 생각하는가? 내가 부족해서 아이가 잘 못한다고 생각되는가? 가끔은 언젠가 닥칠 예측할 수 없는 어려움에 불안해지기도 하는가? 아이를 위해 어떤 도움을 줘야 하는지 막연한가? 그렇다면 당장 이 책을 펼쳐라. 그리고 실천해 보자. 엄마가 방법을 잘 알고, 아이가 중심이 되어 함께 작은 시도를 해 보겠다는 마음만 있다면, 엄마표 읽기 수업은 반드시 성공할 수 있다. 하나씩 하나씩 작은 걸음이지만 그 끝은 창대할 것이다.

차례

5장 | 아이에게 딱! 맞춤형 읽기 스킬

6장 | 우리 아이가 조금 다르다고요?

7장 | 이제 읽기를 좋아하는 아이로!

1장

최소한의 노력으로 최대 효과의 읽기를 위하여!

누구나 할 수 있는 최소한의 읽기 교육

대치동의 유명한 교육 컨설팅 대표는 이렇게 말했다.

"영재고에 많은 학생을 진학시킨 중학교가 있습니다. 그 중학교가 훌륭해서 영재고 진학률이 높은 걸까요? 절대 그렇지 않습니다. 그냥 영재고에 갈 만한 아이들이 그 중학교에 입학했을 뿐이에요. 영재는 만들어지는 것이 아니라 타고나는 겁니다."

나는 이 말에 상당히 공감한다. 영재가 만들어지는 것이라면 영어로도 'gifted'라고 하지 않고 'made'라고 하지 않았을까? 물론 영재에게는 타고나는 부분과 길러지는 부분이 모두 필요할 것이다. 타고나는 부분 없이는 길러질 수 없을 것이고, 타고났지만 길러지지 못한다면 영재의 삶을 살 수 없을 것이기 때문이다.

문제는 많은 부모가 자신의 아이를 영재일지도 모른다고 생각하는 것에 있다. 그래서 육아와 교육의 성공 사례를 담은 자녀교육서를 읽으면서 내 아이도 영재로 키워 보리라 다짐한다. 하지만 나는 내 아이가 영재가 아니라는 것을 일찌감치 알았고, 나의 통제 안에서 내가 만든 스케줄대로 고분고분 자라날 아이가 아니라는 것을 알고 있었다.

나는 일찍이 '내 아이 영재설'에서 벗어났지만 여전히 서점에 가 보면 육아서 코너에는 아이를 명문대에 입학시킨 부모들의 자서전 같은 코칭북이 한가득 진열되어 있다. 그리고 많은 부모가 무엇인가에 홀린 듯 그 책을 구입한다.

그런 책들을 보면 '아이를 훌륭하게 키워 낸 부모가 어쩜 이렇게 많을까?'라는 생각과 함께 '나도 그들처럼 내 아이의 교육에 발 한번 담가 봐?' 하는 생각이 뇌리를 스친다. 하지만 이내 고개를 젓는다. 나는 저자들의 아이들이 훌륭하게 큰 데에는 저자들의 노력과 전략도 매우 중요했으리라 생각하지만, 무엇보다 이미 그들에게 영재의 유전자를 가진 아이가 태어난 것이라는 사실을 절대로 간과하지 않기 때문이다.

나도 예전에는 '내 아이 서울대 보내는 방법' '아이 둘을 모두 명문대에 보낸 부모의 코칭' '명문대 입학을 위한 독서법' 같은 제목을 읽으면서 '우아, 나도 내 아이를 저렇게 키우고 싶다. 어떻게 해야 할까?' 하는 생각을 했었다. 하지만 그 책에 나오는 방법대로 하려면 일단 나 자신을 많이 포기해야 한다는 것, 그리고 아이도 매우 협조적이어야만 가능하다는 것을 깨닫게 되었다. 내가 엄청난 열정을 가지고 그 과정에 발을 디딘다고 해도 내 아이가 그 정도의 실력을 발휘해 주지 못할 수 있다. 또한 아이가 그 정도의 과정을 충분히 수행할 만큼 잠재력을 갖추고 있는 아이인지 그 가능성 또한 살펴봐야 한다.

내 아이를 영재로 키우고 싶은 마음을 갖는 것은 자연스러운 욕구다. 다만 모든 아이가 영재가 될 수 있는 것은 아니다. 아이는 높은 지능을 가지고 태어나야 하고, 부모는 평균 이상의 노력과 투자를 해야 한다. 이 모든 것이 함께 시너지를 내야만 영재가 탄생하는 것이다. 이게 말처럼 쉬운 일인가? 그러므로 나는 많은 것을 갖춘 뛰어난 부모가 뛰어난 아이를 낳아, 남들과는 다른 투자를 통해 영재로 만들어 낸 이야기를 하고 싶지는 않다. 내가 그런 방법을 따라 할 만큼 노력형 부모도 아닐뿐더러, 내 아이도 그렇게 하지 못하기 때문이다. 그들이 제시한 방법대로 하다가는 가랑이가 찢어질 것 같고, 그렇다고 아무것도 안 하기에는 불안하다.

그래서 나는 최소한만 한다. 내 아이가 할 수 있는 수준을 정확하게 파악하고, 그 수준에 맞는 만큼만 지원한다. 다른 아이의 속도계를 보며 따라가다가는 나도 가랑이가 찢어지고, 내 아이도 지쳐 나가떨어질 게 뻔하다. 그래서 나는 누구나 할 수 있는 읽기 지도 방법을 말해 주고 싶다. 물론 그 안에서 실패를 경험하고, 좌절도 느끼겠지만, 뭐 어쩌겠는가. 육아라는 것이 원래 매일매일 trial(시도)해 보는 것의 연속이 아니겠는가?

그럼에도 불구하고 육아서, 자녀교육서 등에 제시된 방법과 루트대로 자녀를 잘 키워 내는 부모를 보고 있으면, 혹은 그들의 이야기를 듣다 보면 나의 무능력과 게으름으로 인해 자녀를 영재로 만들지 못하는 것은 아닌지 생각한다. 하지만 개인의 경험이 모두에게 일반화될 수 없음을 알고 있다. 특별한 부모의 대단한 자녀 키우기 방법이 내 아이에게 그대로 먹히리라(적용되리라) 생각하지 않는다.

'장기하와 얼굴들'이라는 가수의 〈그건 니 생각이고〉라는 노래가 있다. 이 노래 가사를 보면 세상이 만들어 놓은 기준과 잣대에 흔들리지 말고 자신이 생각하던 그 길로 계속 걸어 나가라는 메시지가 느껴진다. 이 노래를 듣고 소위 잘나가는 사람들이거나 혹은 제 인생을 아주 멋들어지게 살아가는 사람들이라도, 어떤 거창한 인생 목표를 가지고 달려 나가서 그 위치에 있는 것이 아닐 수 있다는 생각이 들었다. 어쩌면 그들도 그냥 앞으로 나아갔을 뿐인데, 가다 보니 그 길이 내 길이 된 것일 수 있다는 말이다. 노래를 처음 들었을 때, 육아서를 읽고 난 직후 내가 느꼈던 감정과 너무 똑같아서 온몸에 소름이 돋았다. 지금은 나도 읽기 관련 육아서를 쓰고 있지만, 나는 이 책이 아이들의 다양성을 설명할 수 있는 책이기를 바란다. 모두 그어진 선대로 줄 맞춰 앞으로 나가는 것이 아니라 각자의 방식에 맞게 각자 다름을 인정하며 그렇게 걸어가길 바라는 마음이다.

읽기 전문가가 조기 교육을 하지 않은 이유

"선생님은 일찍부터 딸들에게 한글을 가르치셨겠죠?"

읽기 지도 전문가이자 언어재활사인 내가 정말 자주 받는 질문 중 하나다. 말하기와 듣기가 어려운 아이들에게 언어를 가르치고, 읽기와 쓰기 그리고 수 개념이 어려운 아이들에게 학습을 지도하는 전문가이기 때문일까. 질문을 하는 사람들은 당연히 내가 딸들을 일찍부터 교육의 길로 데리고 들어갔으리라 생각한 모양이다. 나는 조기 교육의 길이 매우 험난함을 진즉에 알고 있었고, 그럼에도 불구하고 피할 수 없음도 알고 있었다. 그래서 조기 교육의 열풍에 나도 동참을 해야 하나 고민도 했었지만 결국은 조기 교육을 하지 않았다. 심지어 대한민국 교육 일번지에 살고 있음에도 불구하고 나는 내 아이들의 조기 교육에 너무나도 인색한 사람이었다.

한글 읽기에 도통 관심이 없던 첫째 아이가 7살이 되던 해였다. 아무리 조기 교육에 발을 담그지 않았던 나도 초등학교 입학을 앞두고 새삼 초조함이 밀려오는 건 어쩔 수 없는 일이었다. 부랴부랴 한글 학습지 선생님을 알아보았다. 교육 일번지에 살면서 7세가 될 때까지 학습지 한번 시키지 않은 이 철없는 엄마를 바라보는 선생님의 표정이란……. 나는 지금도 그 어색한 순간을 잊을 수 없다. 하지만 다시 과거로 돌아간다 해도 똑같은 선택을 했을 것이다. 읽기에 전혀 관심을 보이지 않는 아이에게 굳이 일찍부터 글자를 들이밀며 한글을 억지로 가르치는 행위는 절대로 하지 않았을 것이기 때문이다. 읽기를 하지 않는 동안, 아니, 읽지 못하는 동안 내 아이는 더 많은 것을 보고 스스로 탐색하고 느끼고 생각했으리라 믿는다. 글자를 통해 지식을 얻는 대신, 아이 스스로 머릿속에서 상상의 나래를 펼치며 힘껏 날아올랐을 그 귀한 시간들을 무엇과도 바꿀 수 없다고 믿고 있는 초보 부모의 개똥철학이랄까. 무엇보다 내가 이렇게 생각할 수 있었던 가장 큰 이유는 인간의 본성과 활자, 읽기에 대해 잘 알고 있었기 때문이다.

인간은 아주 영민한 동물이기에 언제나 더 쉬운 길이 있다면 고민하지 않고 쉬운 길을 택한다. 이러한 인간의 특성은 새로운 정보를 받아들일 때도 어김없이 적용되는데, 인간이 외부로부터 새로운 정보를 받아들이는 방법은 크게 두 가지로 정리할 수 있다. '듣기를 통한 방법'과 '보기를 통한 방법'이다. 그중 시각적 자극을 활용하는 '보기를 통한 방법'에는 그림·사진·상황 등을 보고 맥락을 탐색하는 것뿐만 아니라 활자를 익히고 글을 이해하는 것도 포함된다. 읽기 활동이라는 것은 몇 개의 글자만을 사용해 아주 방대한 양의 정보를 전달하는 대단한 효과를 보여 준다. 한글에 사용되는 글자는 단자음 19개, 단모음 10개, 이중모음 11개로 총 40개에 지나지 않는다. 한글만 그러할까? 영어는 자음 21개, 모음 5개가 전부다. 이 몇 개의 글자들을 이리 붙이고 저리 붙이며 새로운 의미를 만들고, 정보를 전달하는 것이다. 이렇게 생각하면 글자라는 것이 얼마나 대단한 것인지 감탄하게 된다. 글자라는 것이 형성되고, 그 조합들이 의미를 갖게 되면서 인류는 더 많이 발전할 수 있었다. 글자를 만들어 읽고 쓸 수 있게 된 사람들은 더 많은 정보를 기록해 남겼으며, 한편으로는 누군가가 남긴 기록을 통해 몰랐던 것을 익히고 발전시키면서 새로운 역사를 쓸 수 있었다. 글자를 통해 인간은 늘 새로운 것을 배우고 미래를 바꿀 수 있었다.

글자 체계가 없었을 때에도 마찬가지다. 글자가 없던 시대에 살았던 사람들은 자신의 흔적을 남기기 위해 그림이나 그들만의 상징 또는 기호로 당시를 기록하고 기억했다. 물론 글자로 남겨진 것이 아닌 그림이나 상징, 기호는 정확한 정보를 전달하기 어렵기 때문에 그 뜻이 이해되지 않았을지도 모른다. 하지만 그렇기 때문에 제한된 정보 안에서 더 많은 내용을 이끌어 내기 위해 스스로 더 많이 상상해야 했고, 더 많이 탐색해야 했을 것이다. 글로 표현되지 않았기 때문에 더 노력하고 애쓴 부분이 분명히 존재할 것이라 생각한다. 나는 아이들에게 그것들을 경험하게 해 주고 싶었다. 글자를 익혀서 글로써 전달되는 메시지를 그대로 이해하는 것도 좋지만, 글자 없이 전달되는 누군가의 메시지를 자신의 상상력으로, 자신만의 창의력으로 그리고 자신만의 추론 기술로 생각하고 이해하길 바랐다. 누군가는 이 나름의 육아 철학을 '공부 시키지 않은 게으른 부모의 비겁한 변명'이라 비웃을지도 모른다. 하지만 글자가 없던 시대에도 많은 사람이 그들의 과거와 현재와 미래를 기억하고 꿈꿀 수 있었던 것처럼 내 아이들이 글을 읽고 쓸 수는 없더라도 더 많은 것을 상상하고 기억하기를 바랐다.

자, 조기 학습을 시키지 않았던 전문가 엄마의 아이들은 어떻게 되었을까? 예상을 뒤엎고 조기 교육 없이도 대치동 top 3 학원에 다니고 있을까? 그렇게 되었다면 독자들에게 '조기 교육 무용설'이라는 꿈과 희망을 드릴 수 있었겠지만, 세상은 그리 녹록치 않다. 내 두 딸들은 그저 평범한 학원에 다니고 있고, top 3 정도의 학원에는 레벨 테스트도 신청해 보지 않은(못한 것은 절대 아니라고 말하고 싶다) 지극히 평범한 아이들로 자라고 있다. 하지만 걱정 마시라. 모든 발달이 앞서 나가야만 좋은 것은 아니다. 현재 초등학교 6학년, 초등학교 1학년에 재학 중인 두 딸은 각자의 학년 수준에 맞게 잘 읽고, 잘 쓰며, 자신의 생각을 논리적으로 말할 수 있고, 다른 사람의 의견을 이해할 수 있다. 지독하리만큼 조기 학습에 무뎠던 철없는 엄마를 보면서 안타까워했던 학습지 선생님, 나의 손을 맞잡고 내 아이들의 학습이 뒤쳐질까 걱정하던 동네 친구 엄마들의 표정이 주마등처럼 스쳐 간다. 그들의 자녀들이 내 아이들보다 얼마나 더 잘 읽고, 잘 쓰고, 잘 말하고, 잘 듣는지는 나도 알지 못한다. 하지만 내가 아는 확실한 사실 하나는 4세 때 한글을 뗀 내 친구의 딸이 7세 말경 한글 읽기를 습득한 내 첫째 딸보다 대학수학능력시험에서 더 좋은 언어영역 점수를 획득하리라는 보장은 어디에도 존재하지 않는다는 것이다.

전문가의 아이도 느리게 발달할 수 있다

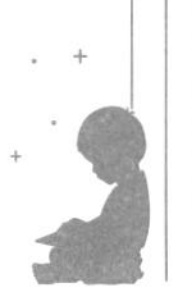

첫아이를 낳고, 지금까지 대학원에서 배웠던 아동 발달과 언어 발달 이론을 실제로 확인해 볼 기회가 왔다. 하지만 첫째 아이의 발달은 이론서에서 보던 것과는 완전히 달랐다. 누구나 꿈꾸는 '내 아이 영재설'은 언제 그랬냐는 듯 '옆집 아이 영재설'로 둔갑했고, 똑똑하면서 착하기까지 한 아이는 우리 집이 아닌 옆집과 앞집에 살고 있었다.

언어 발달 이론서에 따르면 아이는 돌경에 '부모, 아빠, 맘마' 등 첫 단어 산출을 시작하고, 18개월 즈음이 되면 '어휘 폭발기'*를 맞이한다. 하지만 어찌 된 영문인지 첫째 아이는 20개월이 되도록 아무 말도

* 말할 수 있는 단어가 갑자기 폭발적으로 늘어나는 시기를 일컫는다.

내뱉지 않았다. 시어머니와 남편은 언어재활사인 나의 전문성까지 의심해 가며 나를 향해 아이의 느린 언어 발달을 질책하기 시작했다.

"어미야, 네가 지금 밖에서 다른 아이들 언어를 가르칠 게 아니니다. 애를 가르쳐야지. 이렇게 말을 못해서 어쩔 거냐?"

"어머! 어머니, 치료비는 선불이에요."

시어머니는 내 얼굴을 볼 때마다 채근했고, 그럴 때마다 나는 우스갯소리로 받아쳤다. 하지만 나 역시도 내심 불안한 마음을 숨길 수 없었다. 평소 조기 교육이나 아이 발달에 큰 관심을 가지고 있지 않은 남편조차 모임을 다녀오면 딸과 동갑내기인 친구 아들 이야기를 하며 조급해하기 시작했다. 남편까지 나를 채근하기 시작하자 나는 무엇이라도 해야 할 것처럼 불안해지기 시작했고, 딸을 볼 때마다 치료실에서 평가하듯이 말을 이해하는 수준이나 표현하는 정도를 분석하기 시작했다.

'분명 느리다. 이해는 다 하는 것 같은데, 왜 말을 안 하지?'

당시 나는 박사 과정 중이었고, 학교에 가서 수업을 듣거나 학과 연구 프로젝트에 참여해야 했다. 학교에 가지 않는 날에는 소아·청소년 정신의학과 병원에 출근해 다른 아이들을 치료하기 바빴다. 그러다가 남는 시간을 쪼개서 공부도 하고, 논문도 써야 했기에 그 바쁜 시기에 첫째 아이의 느린 언어 문제는 하나의 큰 과업처럼 다가왔다. 그럼에도 불구하고 아이의 느린 언어 발달에 대해 시어머니나 남편만큼 크게 걱정하지 않았던 이유는 분명히 있었다. 그것은 바로 아이의 수용 언어 능력(듣고 이해하는 능력)이 정상 범위에 존재한다는 확신이 있었기 때문이다.

첫째 아이는 생후 10개월경에 친숙한 단어를 이해할 수 있었고, 상호작용 안에서 부모가 말하는 그림을 책에서 정확하게 포인팅*할 수 있었다. 또한 2~3개의 단어로 이루어진 짧은 문장형 지시에 대해서도 함께 주의를 기울이거나 수행할 수 있는 이해력을 보여 주고 있었기 때문에, 표현 언어가 조금 늦더라도 곧 말문이 터질 것이라 생각한 것이다. 게다가 전문가적 시각에서 아이를 분석해 봤을 때, 첫째 아이는 다소 완벽주의 성향의 기질을 보였다. 그래서 자신의 발화** 능력이 본인이 정해 놓은 수준에 도달할 때까지 말을 하지 않을 가능성도 있다고 판단했다. 임상에서 만나는 완벽주의 성향을 가진 아이들 중에는 자신의 표현 언어 능력이 본인이 생각하는 수준에 도달했을 때 비로소 발화를 하는 경우가 있었기 때문이다. 첫째 아이도 그런 케이스라고 믿고 있었다. 아니, 솔직히 말하면 그렇게 믿고 싶었다.

마음 한구석에 남아 있는 불안과 걱정은 쉽게 수그러들지 않았다. 아이가 22개월에 접어들었을 때, 마침 대학원 방학이 시작되었고, 여름방학 동안 아이와 함께 표현 언어의 양을 늘려 보겠다는 목표를 야심차게 가졌다. 나의 열정으로 이 여름을 더 뜨겁게 불태우리라!

* 손가락으로 원하는 것을 가리키는 행위.

** 소리를 내어 말을 하는 실질적인 언어 표현 행위.

'참을 만큼 참았고, 기다려 줄 만큼 기다려 줬다. 이제 언어 치료 시작이다!'

그날부터 나는 매일 30분씩 퀄리티 타임*을 가졌다. 그해 여름방학을 마치 언어 치료하듯이 아이와의 상호작용에 집중하며 양질의 시간을 가졌고, 그 시간 동안 최선을 다해 아이가 자신이 할 수 있는 만큼 말을 해 주기를 바라며 적극적인 상호작용을 실시했다.

퀄리티 타임을 가지기 위해 먼저 하루 중 내가 아이와 질적으로 최고의 시간을 가질 수 있는 시간이 언제인지 생각해 보았다. 아이의 컨디션도 가장 좋아야 하고, 나 역시 그래야 했다. 내 아이가 최상의 컨디션을 보여 주는 때는 아침을 먹고 난 직후, 또는 낮잠을 충분히 자고 일어나 간식을 먹고 오후 활동이 가능할 때였다. 아침 시간은 나에게는 언제나 부산스러운 때였고, 성격상 할 일이 쌓여 있는데 아이에게 질적으로 최고의 상호작용을 제공할 자신이 없었다. 그래서 내가 선택한 시간은 오후 5시경이었다. 매일 오후 5시가 되면 나는 마치 언어 치료를 하듯이 아이가 가장 좋아하는 장난감이나 동화책을 준비하고 아이 옆에 앉았다. 아이의 놀이에 눈높이를 따라가며 놀아 주는 듯했지만, 사실 아이의 모든 표정과 제스처와 행동에 반응하며 언어 촉진을 해

* Quality time: 주양육자가 아이와 양질의 상호작용을 하는 시간을 의미하지만, 함께 보내는 시간 자체보다는 부모와 아이가 함께 시간을 보내는 '방식'을 뜻한다. 즉 다른 사람이나 주변 환경에 방해를 받지 않고, 오로지 서로에게 집중해 상호작용을 하는 시간을 의미한다. 언어 발달에서는 주양육자가 아이와 오랜 시간을 보내는 것보다 짧은 시간이라도 그 시간을 얼마나 알차게 보내는지가 매우 중요한 요소로 강조되고 있다.

주었다. 적극적인 상호작용은 정확히 30분! 하루에 30분을 넘지 않았다. 다만 이 시간 동안은 정말 최선을 다해서 아이에게 온 정신을 집중하고, 아이와의 상호작용에 힘을 쏟았다. 그렇게 20일 정도가 지났을까? 아이가 드디어 말을 하기 시작했다.

전문가의 아이도 발달이 느릴 수 있다. 아이의 언어 발달을 지도하는 나 역시도 내 아이가 또래에 비해 느린 언어 발달을 할 것이라고는 상상도 못 했다. 그뿐만 아니라 나의 아이가 또래에 비해 읽기와 쓰기를 굉장히 싫어하게 될 것도 상상도 못 했다. "중이 제 머리 못 깎는다"라고 했던가. 나는 전문가지만 나의 아이만큼은 나의 능력으로 문제를 예방할 수 없었다.

그러니 걱정하지 마라. 전문가도 자신의 아이를 가장 뛰어난 아이로 키울 수 있는 것은 아니다. 그러니 스스로를 나무라지 마라. 그리고 두려워하지 마라. 지금 또래보다 조금 느리고 뒤처지고 있다고 해서 앞으로도 계속 느리고 뒤처지는 것은 절대 아니다.

지능이 높은데 무슨 문제가 있겠어?

아마 이 책을 읽고 있는 독자들도 어렸을 적 학교에서 하는 지능 검사를 실시해 본 적이 있을 것이다. 그 검사가 어떤 것이었는지는 정확하게 기억할 수 없지만 학교에서 아이들과 시험 치듯이 문제를 풀고 지능이 측정되어 나왔던 기억이 있다. 최근에는 학교에서 지능 검사를 실시하지 않기 때문에 부모의 관심도나 요구에 따라 개별적으로 지능 검사를 받으러 가게 된다. 간혹 맘 카페에 지능 검사를 어디서 받을 수 있는지 문의하는 글이 올라온다. 그럴 때마다 정말 물어보고 싶다.

'왜 지능 검사를 받으려고 하나요?'

특히 '4세 아이인데요' 아니면 '이번에 영어 유치원 들어갔는데요' 혹은 '영어 유치원에 들어가고 싶은데요'라고 하면서 지능 검사를 받으려고 하는 경우도 있다. 그때 역시 묻고 싶다.

'그 나이밖에 안 된 아이의 지능이 왜 궁금하신지요?'

물론 특정한 장애가 있어서 지능 검사를 받으려고 하는 경우도 있을 수 있다. 하지만 장담컨대, 장애를 특정하기 위해서 지능 검사'만' 실시하는 경우는 절대 없다.

부모들에게 불어닥친 '지능 검사의 조기 실시 열풍'은 다 나름의 이유가 있다. 조기 교육 열풍에 따라 내 아이의 능력을 조금이라도 더 빨리 알고 싶은 부모의 마음이 강해졌기 때문이다. 그런 부모들의 심리를 이용해 유명한 영재 학원 등에서는 지능 검사를 영재성 검사로 바꿔서 비싼 가격에 실시하고 있다. 영재성과 지능이 상관관계(관련이 되어 있음)는 있을지언정 인과관계(원인과 결과로 연결됨)를 가진 것은 아닐 터인데, 앞다투어 경쟁적으로 영재성 판단을 위한 지능 검사를 실시한다. 지능 검사와 관련해서 가장 기억에 남은 이야기는 아이의 영재성이 유전적인지 확인하기 위해 온 가족이 다 함께 검사를 받았다는 것이었다. 표준화된 지능 검사는 연령별로 다른데, 아이가 만으로 5세였기 때문에 해당 아동은 유아용 웩슬러 지능 검사WPPSI를, 만으로 8세였던 누나는 아동용 웩슬러 지능 검사WISC를 실시했으며, 부모님은 모두 성인용 웩슬러 지능 검사WAIS를 실시하도록 권유해 상상 초월의 금액을 받았다는 것이었다. 그 금액을 듣고 '돈은 저렇게 버는 거구나' 싶었다. 그렇게 온 가족이 검사를 받고 어떤 결과를 얻었는지 물어보니, 결국 아이는 영재가 아닌 평범한 아이라는 결과를 얻었다나? 최근에는 아이의 손가락 지문을 통해 아이의 지능을 평가하거나 명리학이나 사주를 분석해서 진로 진학 상담을 해 주는 곳도 있다고 한다. 이런 분석이 얼마나 정확할까? 과학적으로 증명이 가능할까? 정답은 알 수 없으나, 이런 곳들이 생긴다는 것은 아이에게 꼭 맞는 진로를 찾아 주고 싶은 엄마의 마음이 그만큼 절실하다는 것이 아닐까.

아동용 지능 검사를 하지 말라는 뜻이 절대 아니다. 지능 검사를 필요에 따라 적재적소에 잘 활용해야 한다는 것이다. 지능 검사를 하면 아이의 전체 지능을 확인할 수 있다. 더불어 하위 영역을 살펴보면 아이가 가지고 있는 일반 기능(타고난 기능과 교육을 통해 습득된 기능 등) 수준과 인지 효율(자신이 가지고 있는 기능들을 얼마나 효율적으로 잘 사용할 수 있는지) 능력을 확인할 수 있게 된다. 그래서 아이가 가지고 있는 강점과 약점을 파악할 수 있고, 기능과 효율 중에 어떤 것이 더 뛰어난지, 그 차이에 따라 아이를 어떻게 지도해 주면 좋을지 등을 계획할 수 있다. 그렇기 때문에 나는 임상 현장에서도 부모 상담을 할 때면, 아이를 키우면서 대학수학능력시험 전까지 표준화된 지능 검사를 2~3번 정도 해 보는 것이 좋다고 말하는 편이다.

초등학교 3~5학년경에 지능 검사를 해서 그 결과를 살펴보고, 강점은 강화하고 약점은 보완할 수 있는 학습 계획을 짜면 좋다. 초등학교 3학년을 지나 초등 고학년 시기로 접어들면 학습을 본격적으로 시작하기 때문에, 이 시기에 지능 검사의 하위 점수 분포에 따라 학습 전략을 세우는 것은 아이의 학업에 큰 도움이 될 수 있다. 그런 후에 중학교에 입학하고 나서 한 번 더 지능 검사를 실시해 보면 좋다. 이때도 여전히 약점을 보완할 수 있는 시기다. 지능 검사에서 드러나는 하위 지표들을 분석해 아이에게 보완이 필요한 부분과 좀 더 강화할 부분을 찾아 적절하게 개입할 수 있다. 추가적으로 아동의 학습 전략이나 기질 등을 함께 평가하면 분석할 수 있는 내용이 더욱 정확해진다. 그러고는 고등학교 진학 후에 마지막으로 검사를 실시한다. 이때는 약점을 보완하기에 시간이 제한적이라서, 강점을 강화해 진로를 계획하는 것이 중요하다. 아이가 더 잘할 수 있는 영역을 찾아서 그 부분을 적극 활용해 어떤 공부를 하고, 어떤 직업을 가질지 계획해 보는 것이 좋다.

분명히 똑똑한 아이인데 공부를 가르치면 그만큼의 효과가 나타나지 않는다거나, 가르칠 때에는 잘 하는데 막상 시험을 보면 결과가 좋지 않은 아이들이 있다. 또는 한글 학습이 시작되는 초등학교 1학년 시기나 본격적인 학습이 시작되는 초등학교 3학년 시기가 되기 전까지 부모님이나 선생님이 아이의 문제를 크게 느끼지 못하는 경우도 있다. 이런 아이들은 대부분 말도 잘하고 똑똑하다. 다만 읽기-쓰기를 통한 학습 상황에서만 어려움이 나타난다. 그래서 아이가 한글 읽기 학습을 거부해도, 학습 상황을 싫어해도 '아이가 똑똑한데 무슨 문제가 있겠어?'라고 생각하고 넘어가는 경우가 많다. 심지어 이들 중에 몇몇은 유아용 지능 검사를 통해 아이의 지능이 높은 것을 확인했다. 그렇기 때문에 아이가 보이는 이러한 문제들은 그저 천재들의 괴짜 행동처럼,

공부를 싫어하는 투정 정도로만 생각하고 넘어가게 되는 것이다. 하지만 이런 아이들 중 꽤 많은 아이들이 이후 읽기 부진이나 난독증dyslexia을 포함한 학습장애가 의심되어 내원하게 된다. 안타까운 점은 높은 지능 때문에 문제가 바로 드러나지 않아서 학년이 꽤 높아진 후에 내원하게 된다는 것이다. 부모가 아이를 믿는 것은 굉장히 중요하지만, 아이가 잘하는 영역만 보고 믿으면 아이가 영역별 수행에 차이가 나타난다는 사실을 간과하게 된다. 혹은 보지 않고 싶어지게 된다. 아이의 수행이 영역별로 일관적이게 나타나는지 살펴보는 것이 정말 중요하다. 한 분야에서만 지나치게 어려움을 보이지는 않는지 반드시 확인해 보자. 아이가 특별히 어려워하는 부분이 있는데 아이의 지능이나 다른 기능들과 비교해 보았을 때 왜 어려워하는지 예측할 수 없다면 지능 검사를 해 보자. 그 해답을 찾을 수도 있다.

이와 같은 측면으로 볼 때 지능 검사는 중요하다. 하지만 앞서 설명한 것처럼 전체 지능이 평균이더라도 각 하위 영역 간 점수 차이가 어떤지, 일반 기능의 점수와 인지 효율의 점수가 고르게 발달되고 있는지 등을 면밀하게 살펴보는 것이 중요하다. 단순히 내 아이의 영재성을 확인하기 위한 지능 검사가 아닌, 내 아이의 강점과 약점을 확인하기 위한 검사를 해야 한다. 내 아이의 전체 지능을 확인하기 위한 지능 검사가 아닌, 내 아이의 발달이 고르게 이루어지고 있는지를 확인하는 검사를 해야 한다. 그리고 다음 네 가지를 반드시 기억하자.

하나, 단순히 지능 검사의 점수만으로 아이의 모든 것을 알게 되었다고 생각하지 말 것.

둘, 내 아이는 강점만 있을 것이라고 과신하지 말 것.

셋, 내 아이의 약점이 아이 인생의 발목을 잡게 될 것이라고 두려워하지 말 것.

넷, 지능 검사와 같은 표준화된 검사가 아니더라도 내 아이의 강점과 약점은 그 누구보다 부모가 가장 잘 알 수 있다는 것을 잊지 말 것.

TV를 좋아하는 아이, 읽기를 싫어해서 걱정이라면

나는 아이들에게 책을 많이 읽어 주지 못했지만, 나를 대신해 아이를 돌봐 주었던 나의 친정 엄마는 목이 쉬도록 아이에게 책을 읽어 주었다. 여기서 반전은 책을 많이 읽어 주기도 했지만 그만큼 영상물도 많이 보여 주었다는 것이다. 그 당시 나는 공부도 해야 하고, 병원에서 근무도 해야 하는 바쁜 일상을 보냈기 때문에 주말에만 잠깐씩 아이를 돌보는 정도로 육아에 참여했다. 나는 친정 엄마가 아이에게 영상물을 보여 주는 것을 좋아하지 않았지만, 친정 엄마도 숨을 좀 돌리려면 잠깐씩이라도 TV를 틀어 줄 수밖에 없었을 거라고 머리로는 이해했다. 그런데 마음은 또 그게 아닌지라, 나도 모르게 싫은 소리가 나와 가끔은 서로 얼굴을 붉히기도 했다.

그러던 어느 날, 나는 아주 신기한 경험을 했다. 첫째 아이가 TV에서 들었던 어휘나 구문을 잘 기억하고 있다가 맥락에 맞게 매우 정확하게 사용하고 있다는 것을 알게 되었다. 단순히 그저 의미에 맞게 그대로 따라서 말하는 것이 아니라 아주 기능적으로 적재적소에 해당하는 어휘나 표현을 잘 가져다 쓰고 있었다. 첫째 아이는 읽기보다 듣기를 통해 정보를 얻는 것을 더 선호하는 아이였다. 그때 아이가 영상물을 보면서도 나름의 언어 발달을 하고 있었다는 것을 알게 되었고, 이후에는 TV 시청에 지나치게 제한을 두지는 않았다. 대신 가능하면 상호작용을 충분히 하면서 TV를 시청하도록 했다. 예를 들어 애니메이션을 보면서 주인공의 행동이나 대사에 적극적으로 리액션을 해주기도 하고, 하나의 사건 내에서 주인공과 친구들이 어떤 느낌이 들 것 같은지 이야기를 나누기도 했다.

첫째 아이가 만 6세가 되던 해, 초등학교 입학 전에 언어 검사를 실시해 봤다. 그때 나타난 어휘력 수준은 또래 규준 99%ile* 이상에 속하고 있었다. 이는 100명 중 1등 이내에 속하는 어휘력을 가지고 있음을 의미하는 것이었다. 나는 너무 놀랐다. 이론서에서는 언어 발달 측면에서 영상물 시청과 같은 일방향 촉진은 그리 좋지 않다고 했는데, 첫째 아이는 이론과 다른 양상을 보이고 있었던 것이다. 내가 가지고 있

* %ile(퍼센타일): 영유아 검진 등의 결과 보고서에서 자주 볼 수 있는 단위다. 데이터나 연속적인 값을 100등분했을 때 나오는 값을 의미하며, 만약 92%ile이라고 한다면 100명 중 상위 8등에 해당하는 것이다.

던 가치관과 그동안 배운 이론들이 단번에 위기를 맞는 순간이었다.

'영상물을 통해서도 언어 발달을 촉진할 수도 있겠는데?'

그런 생각을 가진 채 시간이 흘렀다. 그러다가 둘째 아이를 낳고서 나의 생각은 또 한 번 크게 변하게 된다. 둘째 아이는 영상물에 큰 관심이 없기도 했지만, 영상물을 봤다고 해서 새로운 어휘나 구문을 학습하는 모습은 전혀 나타나지 않았다. 첫째보다 느리지는 않았지만 말도 빠르지 않았고, 영상물을 보고 별 반응도 없었다. 대신 둘째는 첫째와는 다르게 그림을 보거나 사진을 보거나 책을 보는 활동을 너무너무 좋아했다. 항상 손에 색연필을 들고 무언가 쓰거나 그리고 있었고, 책을 펼쳐 놓고 종알거리기를 즐겼다.

나는 두 아이의 상반된 성향을 보면서 아이에 따라 선호하는 정보 습득 방법이 다를 수 있고, 우세화되어 있는 감각이 무엇이냐에 따라 같은 상황에서도 다른 결과를 가질 수 있다는 것을 알게 되었다. 첫째 아이는 듣기를 통한 정보 습득 능력이 매우 우수해서 영상물을 시청하거나 주변 환경에서 들리는 대화를 통해 수많은 어휘와 언어를 발달시킬 수 있었다. 반면 듣기 습득 능력보다는 눈으로 보고 만지고 직접 체험해야 자기의 것이 되는 둘째 아이의 경우, 영상물 시청이 언어 발달에 큰 도움을 주지는 못했다. 오히려 둘째 아이는 영상물을 시청하는 것보다는 그림책을 보면서 나와 상호작용을 하거나 실제로 박물관에 가서 직접 보고 느껴야 자신의 것으로 만들 수 있었다. 그래서 나는 아이들마다 자기가 선호하는 배움의 감각이 다를 수 있음을 다시 한 번 깨닫게 되었다. 그래서 이제는 임상 현장에서 부모들과 상담할 때 반드시 아이들의 특성에 따라 다른 형태의 자극을 제공하면서 언어 발달, 학습 발달을 촉진해 줘야 한다는 것을 강조하고 있다.

읽기를 좋아하는 아이는 스스로 글을 읽으면서 상상하고, 어휘력도 기르고, 구문 능력, 문해력 등을 고르게 발달시킬 수 있다. 하지만 나의 첫째 아이처럼 듣는 것을 더 좋아하는 아이들이 있다. 그런 아이들은 자기 혼자 읽기보다는 누군가가 읽어 주는 것, 또는 누군가가 설명을 해 주는 것이 이해에 더 빠르게 접근할 수 있다는 것을 기억해야 한다. 그렇기 때문에 아이의 성향이나 기질에 대한 판단 없이 선불리 무조건 스스로 읽기만을 통한 학습을 강조하거나, 읽고 쓰는 활동만을 강요하는 것은 부모가 원하는 결과를 얻기에 적합한 방법이 아닐 수 있음을 명심해야 한다.

통낱말 vs 파닉스 어떤 방법이 좋을까?

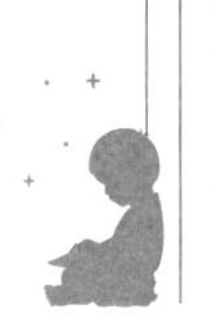

"예서 엄마! 예서 한글 안 가르쳐? 난 지난주부터 ○○ 학습지 시작했어. 자기도 빨리 해."

아이들이 5세가 되자, 일반유치원, 영어유치원 등 유치원 입학을 시작했고 하나둘씩 한글 학습지를 시작했다. 첫째 아이는 영어 유치원에 다니지 않았음은 물론, 일반 유치원에도 다니지 않고 있었다. 강남 8학군에서는 매우 드물게, 집에서 조금 멀리 위치한 남편 회사의 '직장 어린이집'을 다니고 있었다. 교육보다는 보육에 더 중점을 두는 어린이집에 재원을 하고 있었을 뿐만 아니라, 같은 어린이집 엄마들은 대개 바쁜 워킹맘이라서 잘 만나지도 못했고 어느 누구도 한글 학습지에 대해 이야기하지 않았다. 그런데 동네 엄마들만 만나면 조바심이 느껴질 만큼 하나같이 저 멀리 앞에서 달려가고 있었다. 하물며 그들은 함께 달리지 않는 나를 안타까워 하고 있었다. 그럴 때마다 나는 다른 엄마들이 잘 알지도 못하고, 알고 싶지도 않으며, 알 필요도 없는 읽기 교육 이론을 젠체하며 맞받아쳤다.

"한글 학습지는 통낱말whole word 학습법이잖아요? 그걸 하향식 방법이라고 하는데요. 제가 읽기 지도를 전공하고 있는데, 하향식 접근법인 통낱말 학습보다는 상향식 접근법인 낱글자들을 익히는 접근법이 더 좋은 읽기 교육 방법이에요."

나는 그렇게 당차게 말하고는 집으로 돌아와 서둘러 인터넷 서점에서 낱글자로 한글을 지도하는 책을 세트로 구매했다. 책이 도착했고, 마냥 행복한 세상을 살고 있는 아이에게 한글을 펼쳐 놓았다. 딸에게 그 책은 아마도 그저 점과 선으로 이루어진 이상한 기호처럼 보였을 것이다. 그렇다. 나는 소위 상향식 접근법이라고 하는 파닉스 지도를 아이에게 시도했던 것이다. 하지만 아이는 도통 기호인지 그림인지 알 수 없는 글자에는 관심도 없었고 심지어 내가 한글 교재만 손에 들고 있으면 갑자기 배가 아프다며 울기 시작했다. 보다 못한 남편은 쓸데없는 짓 하면서 아이 괴롭히지 말고 잘 놀아 주기나 하라며 면박을 주었다. 반면 교육에 관심 많은 친정 엄마는 본인이 직접 가르쳐 보겠다고 나섰다가 도리어 아이에게 화만 내고, 아이를 울리기 일쑤였다. 우리는 호기롭게 한글 공부를 시작한 지 불과 보름 만에 녹다운이 되고, 그 이후 2년 동안 다시는 그 책을 펼쳐 보지도 않게 되었다.

상향식 접근법으로 한글을 가르치는 것이 문제였을까, 아니면 아이가 너무 어렸던 것일까? 나는 궁금하기도 하고, 걱정되는 마음에 아이에게 한글 공부 시키라고 다그치던 동네 부모에게 전화를 걸었다.

"별이 엄마, 학습지로 한글 잘 가르치고 있어요? 별이는 한글을 얼마나 읽어요?"

"이제 받침 없는 글자는 제법 읽어 내요. 예서는 학습지 시작했어요? 아……, 엄마가 직접 가르치겠다고 했었죠?"

나는 처참한 패배 소식은 전하지도 못한 채, 말끝을 흐리며 전화를 끊었다.

그 이후에도 첫째 아이는 7세가 될 때까지 한글 읽기에 전혀 관심을 보이지 않았다. 자기 이름 정도는 쓸 수 있었지만, 자기 이름과 아빠 이름에 같은 글자(성)가 있고, 그 글자의 소리가 같다는 사실은 여전히 몰랐다. 길을 걸을 때 간판이나 과자의 상표를 읽는 것에도 전혀 관심이 없었다.

아이가 다니던 어린이집에서는 7세가 되면 '책 만들기 프로젝트'를 1년 동안 진행했다. 아이의 생각과는 다르겠지만, 나는 이 프로그램을 정말 좋아했다. 선생님들이 주제를 정해 주면, 아이들이 직접 그 주제에 맞는 다양한 형태의 책을 만들어 보는 것이었다. 예를 들어 '여행'이라는 주제가 주어지면, 자기가 예전에 가 보았던 광안대교를 중심으로 팝업북을 만들 수도 있을 것이고, 부산 여행에서 봤던 것들을 영화 필름처럼 파노라마 형식으로 만들 수도 있을 것이다. 여기에서 가장 핵

심은 아이들이 한 권의 책을 만들기 위해 글과 그림 등 모든 아이디어를 스스로 내고, 스스로 작업을 한다는 점이었다. 이런 창의적인 활동을 극도로 싫어하는 첫째 아이는 책 만들기 프로젝트가 있는 날이면 어김없이 아침부터 등원하지 못하는 이유를 100가지씩 나열하곤 했다. 당연히 그럴 수밖에 없는 일이었다. 반면에 같은 어린이집을 다녔던 둘째 아이는 책 만들기 프로젝트가 있는 날이면 아침부터 들떠서 빨리 등원하고 싶다고 졸라 댔다. 워낙 글을 쓰고 그림 그리기를 즐겨하던 아이여서 충분히 예상할 수 있는 일이었다.

완벽주의 성향이 강한 첫째 아이는 주어진 주제에 대한 창의적인 아이디어를 쉬이 떠올리는 것을 어려워했기 때문에 매순간 창작의 고통을 느꼈을 것이다. 게다가 읽고, 쓰는 것도 잘하지 못했기 때문에 이 시간을 피하고 싶은 마음이 드는 것은 당연한 일이었다. 책 만들기 프로젝트를 하는 날이면 나를 비롯해 남편과 친정 엄마까지, 우리 집의 모든 어른이 첫째 아이를 등원시키기 위해 비위를 맞추고 달래며 최선을 다했다.

그렇게 모두에게 힘든 7세 상반기가 지나가던 더운 여름, 이제 8개월 후면 아이가 학교에 들어가야 한다는 사실은 나를 압박하기에 충분했다.

'이제는 더 이상 미룰 수 없겠다. 통낱말 학습이라도 시켜 보자.'

학습지 선생님을 섭외했고, 아이는 한글 학습지를 시작했다. 나를 처음 만난 학습지 선생님은 '이 동네에도 7세 하반기가 될 때까지 한글 공부를 안 시킨 변종 엄마가 있구나' 하는 표정으로 나를 바라보았다.

"어머니, 특별히 지금까지 한글 공부를 시키지 않으신 이유가 있을까요? 늦어도 너무 늦었다는 거 알고 계시죠?"

나는 그저 웃기만 했다. 그런데 선생님은 나에게 한 번 더 강타를 날려 주신다.

"어머니, 집에서 아이들 돌봐 줄 시간 많으시죠? (전업주부냐는 말을 이렇게 돌려서 묻고 있었다.) 지금부터 열심히 도와주셔야 해요."

나는 차마 내가 언어병리학, 그중에서도 읽기 지도와 관련한 난독증 전공 박사 과정 중이라는 말을 할 수가 없었다. 그날 이후 일주일에 한 번, 학습지 선생님은 낱말 카드를 가지고 와서 한글을 가르쳤다. 그 낱말 카드는 글자인지, 그림인지 구분하기도 어려운 그림 글자 카드였다. 선생님과 공부를 마치고 나면 나도 플래시 카드를 이용해서 아이와 열심히 복습을 했다. 그렇게 몇 개월이 지났을까? 아이는 간판도 읽기 시작하고, 과자 이름도 읽기 시작했다. 아빠의 이름에서 자기와 같은 글자(성)를 찾아낼 수 있었고, 어린이집 신발장에서 자기와 같은 글자를 가진 친구의 이름도 읽어 낼 수 있게 되었다.

'대부분의 아이들은 통낱말 학습법인 하향식 접근법으로 한글 지도를 하는 것이 오히려 더 쉽구나. 반드시 상향식 접근법으로 접근이 필요한 (약 20% 이내) 아동이 아니라면, 통낱말 학습을 실시하는 것이 더 효과적이겠구나.'

이론의 가르침을 몸소 체험하는 중이었다. 첫째 아이는 이내 유창하게 읽기가 가능해졌지만, 이상하게도 초등학교 3학년이 될 때까지 맞춤법 실수가 잦았다. 쉬운 맞춤법을 쓸 때도 나에게 재차 확인하는 경우가 빈번했다. 첫째 아이는 부주의함을 보이는 아이였다. 완벽주의 성향을 가졌음에도 불구하고 주의력 문제가 동반하는 아이였기 때문에 스스로 완벽하게 과제 수행을 하지 못함에 힘들어했고, 그렇다고 주의를 기울여 잘 해낼 여력도 부족했던 것이다. 물론 아이의 맞춤법 문제의 지속이 아이의 부주의 때문이라 생각하면서도 마음 한편으로는 통낱말로 가르쳐서 그런가 하는 생각도 가끔씩 했던 것이 사실이다.

앞서 말한 것처럼 둘째 아이는 첫째 아이와는 완전히 달랐다. 5세가 되기도 전에 자기 이름 중에 소리 하나가 언니 이름에도 존재하며, 본인을 포함한 언니와 아빠의 이름은 같은 말소리로 시작한다는(모두 성이 같으니) 사실을 나에게 알려 주었다. 그 와중에 엄마의 이름만 같은 말소리로 시작하지 않는다는 사실을 엄마가 알면 속상해할까 봐 걱정까지 하는 아이였다. 그리고 어느 날 엘리베이터 앞에서 '소화전'이라는 글자를 보며 자기 이름에 있는 '한'이라는 글자에 있는 'ㅎ'이 여기에도 있다며 호들갑을 떨었다. 음절* 수준의 말소리 변별을 하던 아이가 음소** 수준의 말소리 변별과 글자를 연결할 수 있게 된 것이다. 어찌 이리 다른가. 첫째 아이는 보지 못하던 것을, 첫째 아이는 관

* 소리마디. '가방'은 2음절, '대한민국'은 4음절 단어다.

** 음절을 이루는 단위. '가방'은 'ㄱ, ㅏ, ㅂ, ㅏ, ㅇ'의 5개의 음소로 이루어진다.

심도 없던 것을, 첫째 아이에게 그렇게 최선을 다해도 되지 않던 것을 둘째 아이는 너무도 빠르게, 그리고 이리 쉽게 읽고 찾지 않는가. 아이는 더 많은 글자를 알고 싶어 했고, 배우고 싶어 했다. 이번에 나는 고민하지 않고 바로 학습지 선생님께 연락을 했다. 나를 다시 만난 선생님은 '첫째 아이 때는 어리석은 부모였지만 둘째 아이 때는 같은 실수를 하지 않는구나' 생각하시는 것 같았다.

고민 없이 통낱말 학습법으로 접근을 시작했다. 둘째 아이는 이내 한글을 읽기 시작했고, 그리고 쓰기를 좋아하던 아이답게 글씨 쓰기도 곧잘 해냈다. 몇 달간 학습지를 통한 통낱말을 이용한 한글 학습이 진행되던 중에 아이는 스스로 글자를 분리할 수 있었다. 신기했다. 통글자인 단어들을 보면서 같은 글자와 같은 말소리가 있는 단어를 기가 막히게 찾아내고 있었다. 이때다 싶어 나의 특기인 상향식 접근법을 통한 학습을 시도해 보았다. 언니가 심하게 거부하던 그때와 같은 나이였지만, 어찌 된 영문인지 둘째 아이는 글자와 소리를 분리하는 것도, 글자와 소리를 합쳐 보는 것도 잘 수행했다. 아이는 어려운 겹받침도 쓸 수 있었고, 읽을 때 소리가 달라지는 단어*들도 잘 읽고 쓸 수 있었다.

어느새 둘째 아이는 어린이집에서 읽기와 쓰기를 가장 잘하는 아이가 되었다. 어린이집에서 친구들의 이름을 대신 써 주고, 친구가 원하

* 예를 들어 [국쑤]라고 읽지만, '국수'라고 쓰는 것처럼 말소리와 쓰기가 다른 단어를 말한다.

는 문구를 적어 주고, 그림을 그려 주며 자신의 능력을 한껏 발휘했다. 내 배 속에서 나온 두 딸이지만 이 모든 것이 언니와는 분명히 다른 양상이었다.

자, 여기까지 읽어 보면 둘째 아이가 첫째 아이보다 대단히 똑똑한가 싶을 것이다. 하지만 지능 검사를 실시해 보면 첫째 아이가 둘째 아이보다 적어도 20점 정도 높은 지능을 가지고 있다. 그리고 언어 능력도, 추론 능력도 모두 더 뛰어나다. 심지어 독해 문제집을 풀거나, 수학 문제집을 풀 때도 첫째 아이가 월등하게 잘한다. 그래서 나는 생각했다. 두 아이는 다르다. 두 아이는 그저 잘할 수 있는 분야가 다른 것이다. 즉 아이들이 더 잘하는 영역이 분명히 다를 수 있다는 것이다.

첫째 아이가 초등학교 3학년이 되었을 때 지능 검사를 처음으로 실시해 보았는데, 그 결과를 보니 첫째 아이는 추론이나 언어 능력은 아주 좋았지만, 반복적이고 루틴한 활동을 굉장히 싫어하는 아이였다. 지극히 평균 수준의 읽기 발달 능력을 가진 아이였으므로 굳이 글자를 쪼개서 가르치는 것보다(이 활동은 지극히 반복적이고 루틴한 편이다) 통낱말 학습법이 보다 적절했던 것이다. 반면 문자나 기호에 대한 인지 기술이 좋았던 둘째 아이에게는 파닉스 학습법이 잘 먹혔고, 결과적으로 같은 연령에서 비교해 보았을 때 언니보다 맞춤법도 더 빠르게 습득할 수 있었다.

어떤 방법으로 한글을 지도할까? 학습지는 대부분 통낱말 지도를 하는 하향식 접근법이다. 그러나 시중에 판매하는 기초 읽기 기술 지도서는 대부분 파닉스 지도를 하는 상향식 접근법이다. 어떤 것이 더 정확한 방법일까? 어떤 것이 더 옳은 선택일까? 정답은 없다. 어떤 하나의 방법이 더 훌륭하고 좋다고 말할 수 없다. 내 아이에게 적합한 방법을 찾으면 된다. 내 아이가 평범한 아이라면 일반적인 학습지를 통한 접근법을 실시해도 무방하다. 다만 아이가 다른 또래 친구들보다 글자에 관심을 보이고 있다면 파닉스 지도를 시작해도 좋다.

여기서 반드시 기억할 것은, 아이가 읽기 학습에 어려움이 있을 수 있다고 예측된다면—가족 중에 읽기 학습에 어려움을 경험한 사람이 있거나 언어 발달에 제한이 있던 경우, 말을 배우는 시기에 발음에 오랫동안 오류가 많았던 경우—가능한 한 무작정 통낱말로 접근하기보다는 아이에게 적합한 방법을 찾기 위해 좀 더 신중할 필요가 있다. 전문가를 만나 아이에게 적합한 읽기 학습법이 무엇인지 상의해 보아도 좋을 것이다.

한글 교육은 언제 시작해야 할까

아이의 한글 교육 시작 시기를 결정할 때 앞집 아이, 옆집 아이의 속도에 맞추다가는 아이도 부모도 모두 지는 싸움을 하게 된다. 아이의 수준과 관심에 따라 한글 교육을 시작해야 한다. 일찍 걷기 시작한다고 해서 달리기 선수가 되는 것이 아니듯이, 남들보다 일찍 한글을 읽을 수 있게 되었다고 해서 대학수학능력시험에서 더 좋은 언어 영역 점수를 획득하게 되는 것은 절대 아니다. 그러니까 조급해하지 마라. 아이의 한글 읽기 실력이 곧 부모의 점수라고 생각하지 마라.

지금까지 임상에서 연간 100명 이상의 아이를 상담하고, 매년 1,000회 이상의 치료를 하면서 알게 되는 사실은 6세에 시작해서 1년 동안 시키는 것보다 7세에 시작해서 반년 동안 시키는 것이 더 나을 수도 있다는 사실이다. 다만 아이가 글자에 관심을 가지고 무언가를 읽고 쓰고 싶어 한다면, 나이가 어려도 지체하지 말고 시작해도 좋다.

직접 글을 읽고 쓰는 것으로만 한글 교육을 시작할 수 있다고 생각하지 말자. 부모가 동화책을 들려주는 활동으로도, 그 시간 동안 아이가 책을 바라보는 동안에도 한글 교육은 이루어질 수 있다. 심지어 집 밖으로 벗어나 함께 마트에 가서 과자 이름을 읽어 주고, 상표를 보여 주는 것으로도 교육할 수 있다. 차를 타고 가면서 상점의 간판을 읽어 주는 것으로도 시작할 수 있다. 이 과정에서 단순히 글자를 익히고 활자에 노출되는 것에 그치는 것이 아니라, 더불어 부모와 양질의 상호작용도 나눌 수 있으리라.

한글 교육의 목표가 단순히 '아이 혼자 스스로 책을 읽게 하는 것'이 아니라는 점을 명심해야 한다. 아이가 스스로 책을 읽게 만든 후에 아이에게 책 한 권 쥐여 주고 그 시간 동안 부모가 편하게 쉬기 위해서 한글 교육을 시키는 것이 아니라는 말이다. 아이 스스로 한글을 읽을 수 있게 되더라도 부모가 계속 책을 읽어 주는 것이 좋다. 한글 교육은 아이가 혼자 책을 읽었으면 하는 시기에 시작하는 것이 아니라, 부모와 아이가 함께 더 재미있게 책을 읽기 위해서 시작하는 것이라 생각하면 좋겠다. 그렇기 때문에 한글 교육을 일찍 시작하는 것이 필수적이지 않다고 말하는 것이다. 그렇다면 언제쯤 한글 교육을 시작하는 것이 좋을까?

아이들은 궁금한 것이 생기면 엄마에게 물어보거나, 혼자서 상상해 보거나, 주변을 탐색하며 스스로 답을 찾아 본다. 그런데 언제부턴가 이러한 과정이 조금 번거롭다고 느껴지기 시작할 것이다. 글자를 읽으면 더 빨리 궁금증을 해소할 수 있을 것이라는 생각이 든다. 즉 아이들 스스로 좀 더 쉬운 방법으로 새로운 정보를 얻고 싶다는 욕구를 가지게 되는 때가 온다는 것이다. 그때가 되면 누가 시키지 않아도 아이 스스로 글자를 읽고 싶다는 생각을 하게 된다. 그럼 그때 조심스럽게 글자를 가르치면 된다. 다만 차이가 있다면 그런 욕구를 가지게 되는 때가 아이들마다 다를 수 있다는 것이다. 어떤 아이에게는 글자가 궁금해지는 시기가 또래보다 빨리 오기도 하고, 어떤 아이에게는 느리게 오기도 한다.

첫째 아이는 눈치도 빠르고 추론 능력도 좋아서 글자를 읽지 못하던 때에도 주변 환경으로부터 많은 정보를 얻고 상황을 이해할 수 있었다. 그래서인지 굳이 글자를 빨리 읽고 싶어 하지 않았고, 글자를 모른다고 다른 또래 친구들보다 정보에 취약하지 않았다. 반면 둘째 아이는 언니에 비해 상황에 대한 설명이 조금 더 필요한 아이였다. 그래서인지 둘째 아이는 조금 더 빨리 글자를 읽고 싶어 했다. 글자가 의미하는 바를 확인하고 싶어 했고, 그것이 지금 자기가 처한 상황과 어떤 연관이 있는지 확인하고 싶어 했다. 비단 이런 이유만으로 단정 지을 수는 없겠지만 둘째 아이는 한글 학습에 대한 욕구가 더 빨랐고, 강했다. 그리고 한글 학습 속도 또한 첫째 아이보다 몇 배 빨랐다.

하지만 앞서 설명한 것처럼 둘째 아이가 첫째 아이보다 더 독해력이 좋거나 언어 능력이 좋은 것은 아니니, 읽기 습득 시기가 아이의 국어 실력을 확실하게 예측하지 못한다는 것을 알 수 있다.

어쨌든 아이가 글자에 관심을 가지고 글자를 읽는 방법이나 글자가 뜻하는 의미를 알고 싶어 한다면 한글 교육을 시작해도 좋다. 그 시기는 개인차가 있으니 옆집 아이를 보면서 괜스레 불안해하지 않아도 좋다. 글자를 알고 싶어하는 시기에 한글을 가르쳐 주면 아이는 본인의 욕구에 따라 한글 학습에 흥미를 가지고 읽기에 빠져들 수 있을 것이다.

한글 교육 시작 시기를 정할 때 중요한 또 한 가지는 아이의 인지적 용량이다. 너무 어린 나이에 글자를 익히게 되면 인지적 용량이 작아서 연령이 높은 아이들에 비해 더디게 배우는 경우가 많다. 단어를 익힐 때 시각적으로 제시된 글자와 소리를 연결하고, 그것을 의미와 연결해서 기억하고 읽어야 하는데, 의미가 제한적이거나 기억 용량이 제한되어 있으면 아무래도 습득 속도가 느려지기 때문이다.

물론 굉장히 어린 나이임에도 불구하고 읽기를 빨리 습득하는 아이도 있다. 하지만 내 아이가 읽기를 학습할 때 느린 것 같다고 생각한다면 그 느림의 정도가 또래 수준에 비해 느린 것인지 아니면 부모의 기대 수준보다 느린 것인지를 구분해 볼 필요가 있다. 아이의 한글 학습은 아이가 읽기 학습을 할 만큼 컸다고 생각될 때, 혹은 아이가 읽기를 하고 싶어 할 때 시작하자. 그것도 아니라면 학교에 입학하기 전에, 또는 학습을 위해 읽기 시작해야 할 때, 그때 시작해도 전혀 늦지 않다.

2장

빨리빨리는 NO, 아이의 발달을 따라가요

태아 ~ 0세
: 배 속에서부터 듣기를 연습한다

"아가야~! 아빠 말 들려? 어! 움직인다, 움직여!"

엄마 배에 청진기 비슷한 확성기를 대고 아빠가 말을 하면 배 속에 있는 아이가 그 소리를 듣고 태동을 하는 광고가 있었다. 이때의 태동은 태아 때부터 소리를 들을 수 있다는 것을 증명하는 것이다. 배 속에 있는 아기의 감각 발달에 대한 연구는 그리 많은 편이 아니지만, 그중에서 청각 기술과 관련된 연구는 독보적으로 많다. 그리고 연구를 통해 태내 18~19주경에는 외부에서 들려주는 소리에 반응한다는 것을 발견했다. 20주경에 내이가 형성된다고 하니, 보다 세밀한 말소리를 지각할 준비가 태내에서부터 준비된다는 것이다. 심지어 출산이 임박해 오는 35주 이후에는 반복적으로 들었던 부모의 목소리나 엄마가 자주 들려주었던 이야기 혹은 노래를 선호하는 패턴이 발견되었다.

태아 때부터 듣기를 연습한 아이들은 모국어 소리에 익숙해지고, 모국어 단어에 익숙해질 준비를 한 상태에서 태어난다. 그렇기 때문에 태어난 지 불과 100일도 되기 전에 자신의 모국어와 외국어 말소리를 구분하게 되는 것이 아닐까?

인간은 다른 동물과 달리 유일하게 언어를 통해 의사소통을 한다. 그렇다면 인간만이 언어로서 의사소통을 할 수 있게끔 만드는 것들은 무엇일까? 일단, 언어 산출에 관여하는 인간의 뇌와 신체 기관들을 살펴보아야 한다. 인간의 뇌는 다른 영장류에 비해 3배 가까이 크다. 그러나 뇌가 단순히 크다고 해서 언어 산출을 잘하게 되는 것은 아니다. 동물들은 사지와 손의 움직임을 관장하는 영역이 뇌의 많은 부분을 차지한다면, 인간의 뇌는 입과 혀 등 언어 산출을 위한 조음 기제의 움직임을 관장하는 영역이 크게 발달해 있다. 인간뿐만 아니라 동물들에게도 목구멍(후두)과 숨을 쉬기 위한 폐, 음식물을 넣고 씹고 삼키기 위한 입술과 혀, 이빨 그리고 호흡을 위한 콧구멍 등이 존재한다. 하지만 동물들은 위에 열거된 1차적 기능만을 위해 사용할 뿐이다.

반면 인간은 후두와 같은 발성 기관을 통해 숨도 쉬지만, 말을 하기 위해 호흡을 조절하기도 한다. 또한 입술과 치아, 혀와 같은 신체 기관을 이용해 다양한 모음과 자음을 산출하며, 콧구멍(비강)을 통해서도 특정한 말소리를 만들어 낸다. 즉 인간은 언어 이해 및 표현에 특화된 뇌의 기능에 더해, 신체 기관의 이중 기능을 가지고 말을 할 수 있게 되는 것이다. 하지만 말을 시작하기 전에 더욱 중요한 것이 있다. 바로 '듣기 능력'이다.

읽기를 할 때, 우리는 글을 눈으로 읽는다고 생각한다. 그도 그럴 것이 초등학교 저학년이 지나면 더 이상 소리 내어 글을 읽을 기회가 없고, 눈으로만 글을 읽기 때문에 글자를 잘 읽지 못한다면 그것이 마치 시각적인 능력과 관련된 것으로 생각하기 쉽다. 하지만 놀랍게도 읽기의 기초 기술은 듣기를 통해 습득된다.

우리가 읽기 활동을 하기 위해서는(소리 내어 읽는 '음독'을 하든, 소리를 내지 않고 눈으로만 읽는 '묵음'을 하든 상관없이) 글자를 소리에 연결하는 기술이 필요하다. 읽기 과정에서 글자에 따라 다른 소리를 가지고 있다는 것을 알게 되거나, ㄱ와 ㄲ은 비슷하게 생겼지만 다른 소리를 가진다는 것처럼 글자들 간의 소리 관계를 이해하는 것은 결국 듣기를 통해 이루어지는 것이다. 이렇듯 말소리를 구분하거나 말소리를 합쳐 보는 것 혹은 개별의 말소리로 나눌 수 있는 능력을 음운 인식 기술Phonological Awareness Skills이라고 한다.

음운 인식 기술이라는 것은 소리, 그중에서도 자신이 사용하는 언어가 가진 말소리에 대한 조작 능력이다. 그렇기 때문에 읽기 능력뿐만 아니라 모국어 발음의 발달에도 영향을 미친다. 말소리를 들으면서 발달하는 기술이다 보니 빠르게 발달을 시작해 초등학교 1~2학년 동안 자연스럽게 완전 습득하는 것으로 알려져 있다. 하지만 정상적인 발달이 이루어지지 않는 경우라면 학교에 입학하기 전에 또래보다 정확하게 발음하지 못하거나 읽기를 학습할 때 발달에 어려움을 갖는 경우가 있다. 읽기는 단순히 눈으로 보고 글자를 읽는 것이 아니라 글자와 소리를 연결하는 것이기 때문에 듣기 능력이 매우 중요하다.

신생아 ~ 첫 낱말 산출

: 아이는 태어나자마자 읽을 준비를 한다

태어난 직후의 아이는 자신이 내는 소리가 의도를 가질 수 있다는 것을 결코 알지 못한다. 그저 본능에 따른 소리를 내거나 단순한 몸짓을 한다. 이 시기에 아이들이 낼 수 있는 소리는 하품, 딸꾹질, 트림 등과 같은 그저 생리-반사적 소리에 불과하다. 그러다가 어느 순간 아기들은 자신이 내는 울음이나 소리에 부모가 반응을 하고, 그에 대한 어떠한 행위를 하게 된다는 것을 인지한다. 예를 들어 아이가 쉬를 하거나 대변을 보면, 그 불편함이 싫어서 칭얼거리거나 울게 된다. 그리고 그 소리를 들은 주양육자는 서둘러 아이의 기저귀를 갈아 준다. 아기가 기저귀를 갈아 달라고 일부러 울음을 터뜨린 것이 아니지만 문제가 해결된 것이다. 또 아기는 배가 고픈 상황에서도 칭얼거리거나 울 수 있다. 부모는 밥 먹을 시간이 되었는지 확인하고 아기에게 젖병을

물린다. 이 또한 아이가 밥을 원해서 울었다기보다 그저 자신의 불편함 때문에 본능적인 반응이 나온 것인데, 역시 문제가 해결된다. 이 과정이 반복되면 아기는 자신의 울음과 소리가 어떤 의도를 가질 수 있다는 것을 알게 된다. '어라? 내가 울면 부모가 와서 도움을 주는구나!'의 인과관계를 스스로 파악하게 된다. 이후 아기는 자신이 원하는 것이 있거나 불편한 느낌이 있을 때 그 문제를 해결하기 위한 목적으로 울거나 소리를 내기 시작한다. 진정한 의사소통을 시작하게 되는 것이다. 아기가 칭얼거리거나 우는 행위는 이전 시기와 같지만 이제는 특정 의도를 가지고 자신의 의사 표현을 위해 칭얼거리거나 운다는 점에서 매우 중요한 전환점이 된다.

이 시기가 되면 동시에 나타나는 언어 발달상의 중요한 지점이 있다. 바로 옹알이를 산출하는 것이다. 처음에 나타나는 옹알이는 매우 기본적인 형태를 갖는다. 그러다가 같은 음절을 반복하거나 같은 음소를 반복하는 형태(예를 들어 빠빠빠, 맘맘마)를 산출하게 되고, 이 과정을 통해 말을 할 준비를 시작한다. 아이들이 말을 배울 때, 의성어나 의태어 등 반복되는 말소리인 단어를 상대적으로 일찍 습득하고 정확하게 표현하는 것 또한 이러한 발화 형태가 더 쉽기 때문이다.

대부분의 아기들은 돌경에 생애 첫 낱말을 표현한다. 엄마와 아빠는 아기에게 얼굴을 맞대고 '엄마'를 먼저 말하도록 혹은 '아빠'를 먼저 말하도록 하려고 앵무새처럼 따라 말하기를 시킨다. 하지만 애석하게도 진정한 의미의 첫 낱말은 따라 말하기의 형태가 아닌, 아기가 분명한 의도를 가지고 스스로 표현한 것이어야 한다. 또한 엄마나 아빠만 알아들을 수 있는 형태가 아닌, 다른 사람이 들어도 무슨 말을 한 것인지를 알아들을 수 있어야 한다. 물론 정확하지 않더라도 그 작은 입에서 나오는 한마디에 온 가족이 환희와 기쁨에 빠지는 상황은 어느 가정에서나 경험해 봤을 것이다. 어쨌든, 태어나서 불과 1년 동안 아기는 매우 체계적이고도 많은 양의 말하기 준비를 하게 된다. 말소리를 듣고, 익숙한 말소리를 선호하게 되고, 모국어와 외국어를 구분할 수 있게 되는 이 모든 과정들은 말을 하기 위함도 있지만, 잘 듣고 모국어의 음운에 대한 지각력을 키워, 읽기 능력에 기초가 되는 기술을 쌓아 가는 단계이기도 하다.

어휘 폭발기 ~ 2세
: 질문은 그만, 근육 단련이 먼저!

아직 능숙하지는 않지만, 아기는 걸을 수도 있고, 말도 할 수 있게 되었다. 이 시기에 아이는 하루하루 얼마나 다르게 성장할 수 있을까? 아장아장 걷는 아기를 보면 이내 넘어질까 걱정도 되지만 그렇게 기특할 수가 없다. 첫 낱말을 산출하는 시기와 첫걸음마를 시작하는 시기는 거의 비슷한데, 이때 아이가 보고 듣고 느끼는 세상도 그만큼 달라진다. 자신의 의도를 말로 표현하게 되면서 보다 쉽고 빠르게 자신의 요구를 전달할 수 있고, 심지어 직접 움직여 자신의 욕구를 충족할 수도 있게 된다. 이것은 아기들이 그만큼 독립적인 개체로 성장하게 되었음을 의미한다.

첫 낱말을 산출하기 이전에는 말을 할 수 없는 단계이기 때문에 오직 듣는 것 위주로 언어 발달을 한다. 그러다가 첫 낱말 산출을 시작하고 나서부터 아이들은 말하기 위한 노력을 시작한다. 하지만 아직 다양한 소리들을 정확하게 구별해 소리 내는 것은 어렵다. 그렇기 때문에 어른들이 하는 말을 모방하는 것을 시작으로 정확하게 산출하는 것을 연습하게 된다.

따라서 이 시기의 아이들이 정확하지 않은 발음을 보이는 것은 당연하다. 우리가 말을 하기 위해 사용하는 입술, 혀, 볼 등을 구강 조음기관이라 부르며, 이러한 신체 기관은 대부분 근육으로 이루어져 있다. 근육은 어떤 특성이 있는가? 자주 사용하고, 강화해 줘야 한다. 달리기 선수는 하체 근육이 발달되어 있고, 수영 선수는 등과 어깨 근육이 강화되어 있는 것을 생각해 보면 너무나 당연한 일이다. 마찬가지로 발화를 하는 데 필요한 입과 혀, 볼 등과 같은 신체 부위도 말을 하기 시작해야 자주 사용하게 되고 더욱 강화된다.

언어 산출이 많이 느렸던 아동들은 발음상의 문제가 오랫동안 지속되는 경우가 있다. 말을 하면서 함께 움직여 주어야 하는 조음 기관들이 또래 아이들보다 덜 발달했기 때문에 또래 수준만큼 근력이 강화되지 못한 탓이다. 발화가 느리면 정확한 발음을 하기 위해 필요한 조음기제의 발달이 느려지고, 발음이 좋지 않으니 원활한 의사소통이 힘들어지는 악순환을 가져오게 된다. 결국 말을 많이 해야 발음이 점차 정확해지는 것이기 때문에, 아직 언어 표현 발달기에 있는 아이들은 발음을 정확하게 하는 것에 어려움을 겪을 수 있다. 따라서 이 시기에 아이의 발음이 아직 정확하지 않다고 해서 불안해할 필요는 없다. 이 시기에는 정확하지 않은 발음으로 말을 하면서 동시에 정확하게 발음하기 위해 조음 기관을 많이 움직이며 연습하는 단계이기 때문이다.

그럼에도 불구하고 이제 막 발화를 시작한 아이에게 정확하지 않은 발음을 따라 말하게 하며 수정해 주려는 부모들이 분명히 존재한다. 이 글을 읽는 사람 중 절반 정도는 '이거 내 이야기인데?' 하고 생각할 것이다. 하지만 절대 그러지 마라. 앞서 설명한 대로 이때는 정확하지 않은 발음일지언정 자신이 스스로 소리들을 합쳐 보며 의미와 연결하여 말로 표현하려는 연습을 열심히 해야 하는 시기다. 그 과정을 통해 더욱 활발하게 구강 움직임을 연습할 수 있고, 스스로 더 정확한 발음을 산출하기 위해 구강 조음 방법을 익히는 단계다. 그렇기 때문에 섣불리 아이의 발음을 고쳐 주려다가 아이에게 스트레스를 주게 되면 오히려 아이는 말을 하고 싶지 않아할 수도 있다.

18개월 정도가 되면 스스로 말할 수 있는 단어가 놀라울 만큼 늘어나기 시작한다. 발화할 수 있는 단어가 갑자기 폭발적으로 늘어나기 때문에 이 시기를 '어휘 폭발기' 혹은 '어휘 급등기'라고 부른다. 이 시기가 되면 아이들이 표현할 수 있는 단어의 수가 약 50개 정도가 되면서 어휘 증가의 곡선이 매우 급격하게 상승한다. 하지만 '어휘 폭발기'가 나타나는 시기는 아이들마다 약간의 차이를 보인다. 내 딸은 18개월이 되어도, 아니, 20개월 가까이 되도록 어휘력이 폭발하지 않았다. 이론과는 전혀 다른 양상이었다. 나는 점점 불안해지기 시작했다. 아이에게 따라 말하기를 시켜 보고, 아이가 자꾸 말이 아닌 제스처나 포인팅으로 의사소통을 시도하면 못 들은 척 무시하기도 했다. 하지만 그럴수록 아이는 언어 능력이 늘기는커녕 짜증과 떼쓰기가 폭발할 뿐이었다. 그렇지만 시간이 지나자 아이는 자연스럽게 말할 수 있는 단어가 점차 늘어 갔다. 물론 이론서에 등장하는 18개월경은 아니었지만, 24개월 직전부터 말이 늘면서 이내 또래 수준으로 표현할 수 있게 되었다. 아이는 말을 시작하자 금세 실력이 자라났다. 아이의 언어 발달이 이론보다 조금 더디다고 해도 너무 조급해하지 말고 언어 촉진을 꾸준히 해 주는 것이 중요하다.

말할 수 있는 어휘의 수가 늘어나면 아이들은 알고 있는 단어들을 합쳐서 말해 볼까 하는 생각을 한다. 아이들이 이해하는 어휘의 수가 약 500개 수준이 되었을 때 아이들은 두 단어를 조합해 산출하기 시작한다. 이해할 수 있는 단어가 많기 때문에 부모와 함께 책을 읽으면서 알고 있는 단어가 들릴 때마다 책 속에서 그림을 찾아 손가락으로 가리킬 수 있다. 그리고 다소 어려운 발음이라도 따라 말하려고 시도한다. 일부러 아이에게 따라 말하기를 시킬 필요는 없지만 아이가 따라 말하기를 하고 싶어 한다면 열심히 도와주면 좋다.

이 시기에는 주양육자와의 상호작용을 통해 아이가 이해하고 표현하는 말들이 늘어난다. 아이가 손가락으로 가리키는 사물의 이름을 부모가 말해 주면 아이는 그 사물의 이름을 이해하게 되고, 부모가 책을 읽으면서 읽은 단어에 해당하는 그림을 손가락으로 가리키면 아이는 그것을 주시하면서 의미를 연결하게 된다.

두 단어를 합쳐서 말할 수 있게 되면 자신의 의도를 좀 더 정확하게 전달할 수 있게 된다. 이때 아이는 자신이 표현하는 두 단어가 그 말을 하는 상황에 따라 각기 다른 의미를 가질 수 있다는 것을 이해해야 한다. 예를 들어 빨래 통에서 양말을 보고 '엄마 양말'이라고 말한다면 그것은 '저것은 엄마 양말이에요'라는 뜻이다. 엄마가 양말을 신는 모습을 보며 '엄마 양말'이라고 말한다면 그것은 '엄마가 양말을 신고 있어요'라는 뜻이다. 엄마에게 양말을 주면서 '엄마 양말'이라고 말한다면 '엄마 양말 신으세요'라는 뜻이 될 것이다. 그렇기 때문에 이 시기에는 아이의 말이 어떤 상황에서 어떤 뜻으로 쓰였는지를 잘 파악해 위 예시처럼 다시 들려주기를 열심히 해 주어야 한다.

아이는 자신이 원하는 것을 표현하기 위해 알고 있는 단어를 연결할 수 있고, 이전보다 좀 더 정확하게 의미 전달을 할 수 있기 때문에 주양육자와 아이의 의사소통은 훨씬 더 수월해진다. 아이는 원하는 책을 가지고 와서 읽어 달라고 할 수도 있고, 부모의 쉬운 질문에 대해 반응을 하거나 동물 소리나 교통 기관의 소리와 같은 의성어와 의태어를 산출하기도 한다.

아이와 말을 주고받는 게 가능하니 부모들은 아이에게 자꾸 질문을 하고 싶어진다. 그래서 함께 책을 읽으면서도 아이가 내가 말하는 단어의 그림을 잘 찾는지 확인하기 위해 반복적으로 묻는다.

"이건 뭐야? 이름을 말해 볼까?"

"사자는 어디 있어?"

"호랑이는 어디 있지?"

"여기는 어디야?"

"이 친구들은 뭐 하고 있어?"

하지만 이렇게 아이에게 테스트하지 않기를 바란다. 교감이 중요하다. 아이와 교감하며 책을 읽는 것은 가장 간단하면서도 빠르고 효과적인 상호작용과 의사소통 기술을 높일 수 있는 방법이기 때문이다.

3~5세
: 읽기 준비를 하며 문해력이 쑥쑥

어휘 폭발기를 지나 3세경이 되면 아이가 할 수 있는 말이 꽤 많아진다. 많아진 어휘들을 조합해서 산출할 수 있다 보니 기본적인 문법 지식도 갖추기 시작한다. 그렇게 자신의 의사를 표현할 수 있고, 자신의 욕구를 충족하기 위해 언어 기술을 더 잘 사용할 수 있게 된다. 아이의 교육에 진심인 부모들은 이 시기에 이미 한글 학습을 시작하기도 한다. 하지만 앞서 설명한 대로 한글 학습을 굳이 일찍부터 시작할 필요는 없다. 읽기 발달에 대한 이야기를 하면서 언어 발달에 대한 이야기를 계속하는 이유가 무엇일까? 눈치 빠른 독자라면 이미 이해하고 있을 것이다. 읽기를 잘하기 위해서는 언어 능력 발달이 잘 이루어져야 한다. 읽은 내용을 잘 이해하기 위해서는 언어 발달이 선행되어야 하기 때문이다. 그렇기 때문에 이 시기는 읽기에 집중하기보다 듣고,

말하기를 더 많이 할 수 있도록 기회를 제공하는 것이 훨씬 더 중요하다. 앞서 설명한 것처럼 주어진 낱말을 또래보다 더 빠르게 읽기 시작했다고 해서 아이가 읽은 내용을 더 잘 이해하게 되는 것이 아니기 때문이다. 이 시기에는 발달할 수 있는 언어 능력을 충분히 이끌어 주는 것이 아이의 문해력을 높이는 더 좋은 방법이 된다.

문해력을 읽기와 쓰기처럼 단순히 글자를 사용할 수 있는 능력이라고 생각하기 쉬운데, 문해력이라는 것은 책을 읽고 쓰는 활동을 넘어서 글을 사용해 다양한 상황에서 효율적으로 의사소통하는 능력을 말한다. 그렇기 때문에 기본적인 의사소통 능력을 갖추어야 읽기-쓰기를 통한 문해력을 완성할 수 있는 것이다.

그렇다면 3~5세 연령에서는 읽기 능력과 관련된 어떠한 기술도 습득할 필요가 없는 것일까? 그건 아니다. 이 시기에는 말소리, 즉 음운에 대한 발달이 급격하게 진행되면서 정확하게 발음하며 읽기-쓰기 능력의 기초를 다지게 된다. 읽기-쓰기 능력이 왜 말소리와 관련이 있는지 이해가 잘되지 않을 수 있다. 하지만 글을 읽는다는 것은 단순히 글자의 형태를 읽는 것이 아니라 글자와 말소리를 연결하는 것이다. 때문에 말소리를 발음하는 이 시기는 읽기에 매우 중요한 시기라고 할 수 있다.

4세 수준의 아이들은 2~3개의 단어를 듣고, 같은 소리를 찾아내거나 끝말잇기를 하는 등 말소리를 이용한 다양한 활동이 가능해진다. 우리가 어렸을 때 많이 불렀던 〈'리'자로 끝나는 말은〉 같은 노래가 바로 이런 기능을 연습할 수 있게 돕는 것이다. 이때는 말소리에 대한 인식뿐만 아니라 책 읽기 경험도 매우 중요하다.

아이들이 4~5세 정도가 되면 글을 읽지 못하더라도 부모와 읽었던 책을 꺼내 들고, '읽는 척'을 할 수 있다. 그림을 보면서 마음대로 이야기를 만들기도 하고, 부모가 들려주었던 이야기를 기억하면서 읽는 척을 한다. 이러한 경험은 아이가 자신이 들었던 이야기를 스스로 다시 말해 볼 수 있는 자연스러운 기회가 되기도 하고, 처음 보는 책이어도 그림을 보면서 스스로 직접 이야기를 만들어 보는 기회가 되기도 한다. 그렇기 때문에 아이가 정확하게 책을 읽지 못하더라도 아이가 원한다면 책을 꺼내 혼자서 읽는 '척'할 수 있는 기회를 주어야 하고, 아이가 책을 읽는 척한다면 그것을 들으며 적극적으로 반응도 해 주어야 한다.

책을 읽는 환경에 노출되어 읽기를 할 수 있는 준비를 하는 것을 '읽기 사회화'라고 한다. 이 시기에 아이가 얼마나 많은 인쇄물에 노출되고, 읽기 활동에 즐겁게 참여하는가는 이후 아이의 독서량에 영향을 주고, 아이의 문해력에 영향을 주게 된다. 또한 글자를 많이 보면서 글자의 이름과 형태에 대해 관심을 갖게 되면, 쓰기에 대한 지식 역시 발달한다. 선과 모양에 대한 규칙을 이해하게 됨으로써 글자를 보고 흉내 낼 수 있게 되는 것이다. 물론 이 시기에 아이가 할 수 있는 쓰기란 선과 점을 연결하는 그리기에 가까울 뿐이다. 그럼에도 불구하고 손에 쥐기 쉬운 색연필을 잡고 선을 그어 보게 한다거나 자신의 이름 정도를 써 보게 하는 것, 가족들의 이름을 써 보게 하고 그중에서 같은 모양의 글자가 있는지 찾아보게 하는 것 등의 활동은 아이에게 읽고 쓰기에 흥미를 갖도록 하는 충분한 시도가 될 수 있다.

6~7세
: 듣고 말하기를 잘해야 잘 읽고 잘 쓴다

이제 아이는 유치원 졸업반을 다니기 시작하면서 공교육을 시작해야 하는 연령에 접어든다. 학교에 들어갈 준비를 해야 하기 때문에 유치원에서도 초등학교 교과 과정의 기초가 될 수 있는 다양한 개념과 기술을 지도한다. 대부분의 아이들은 한국어 발음이 거의 완성되기 때문에 정확하게 발음해 말을 할 수 있다. 그렇기 때문에 6~7세 아이들은 더 정확하게 자신의 의사를 표현할 수 있고, 타인과의 의사소통 기술도 증가하게 된다.

심지어 이 시기의 아이들은 어른들과 대화를 할 때 문장을 구성하는 능력이 어른 못지않다. 물론 어휘력에서 조금 제한이 있겠지만, 그 역시도 자신이 원하는 주제에 대해 이야기를 나누기에는 부족함이 없다. 또래보다 조금 빠른 발달을 보이는 아이들은 스스로 읽기도 가능하기 때문에 본인이 좋아하는 책을 골라 읽기를 시작한다. 아직 완전하게 글을 읽지는 못하더라도 몇 개의 글자 정도는 읽을 수 있다면 책을 꺼내 보는 빈도는 점차 높아지게 될 것이다. 또한 이전에는 낱말을 듣거나 읽을 때 '가수'와 '가지'에서 첫 음절인 '가'가 같다는 것을 인식할 수 있었다면, 이제는 더 작은 소리 단위를 인식할 수 있게 된다. 예를 들어, '가수'의 'ㄱ'과 '고래'의 'ㄱ'이 같다는 것을 알게 되는 것이다. 이러한 능력을 '음소 인식'이라고 하는데, 낱말 읽기 능력을 가장 많이 예측하는 요소로 알려져 있다.

대부분의 아이들은 초등학교 1~2학년 시기 동안 음소 인식 기술을 완전히 습득하게 된다. 이 시기는 학교에 입학한 후 읽기-쓰기 활동을 본격적으로 시작하는 경우가 많기 때문에 아이들이 '진짜 학습'에 노출되는 시기이기도 하다. 즉 많은 부모가 아이의 초등 입학을 앞두고 읽기 학습에 대한 조바심과 불안함을 느끼기 시작하는 때이기도 하다. 나 역시 이 시기에 아이들의 한글 교육을 언제 시작해야 할지 조바심과 걱정의 나날을 보냈던 경험을 앞서 설명했었다. 한글 읽기 교육을 일찍부터 시작하지 않아도 된다고 이 책의 처음부터 주야장천 말했던 나지만, 7세에는 한글 교육을 적극적으로 시작하라고 권하게 된다. 이 시기에 시작을 해야 아이가 학교에 들어가서 보다 쉽게 학교생활에 적응할 수 있으며, 혹시라도 모르는 읽기 학습의 어려움을 발견하게 되더라도 입학 전에 어느 정도 회복할 수 있기 때문이다.

읽기 능력은 읽기 활동 노출량에 절대적으로 영향을 받는다. 그렇기 때문에 많이 보고, 읽을수록 읽기 기술은 증진될 수 있다. 이제는 읽을 수 있는 글자들이 많아지기 때문에 주변에 보이는 다양한 글자를 읽어 보려는 시도를 계속하게 된다. 처음에는 제한된 읽기 기술로 더듬더듬 몇 가지 단어를 읽을 수 있지만 이를 반복하다 보면 같은 글자가 포함된 다른 단어도 쉽게 읽을 수 있게 되고, 그러다 보면 더 이상 틀리지 않게 되며, 결국 자동적으로 읽는 수준에 도달하게 되는 것이다.

읽을 수 있는 단어가 많아지면서 쓰기에도 관심을 가지게 된다. 처음에는 자신의 이름만 쓸 수 있었지만, 이내 가족의 이름을 쓸 수 있게 되고, 친구의 이름을 쓸 수 있게 된다. 이후 동화책에서 본 단어를 소리 내어 말하면서 천천히 쓸 수 있고, 아는 단어를 반복해서 쓰다가 익숙해진 단어는 보다 빠르게 쓸 수 있게 된다. 이때 쓰기에 흥미를 붙인 아이들 중에는 책에 있는 문장에서 단어만 바꿔 가며 반복해서 쓰기를 즐기기도 한다. 예를 들어 '엄마가 시장에서 갈치를 사요'라는 문장을 '**할머니**가 시장에서 **고등어**를 사요'로 바꿔 보는 것이다. 그러다 보면 '**언니**가 **문방구**에서 **연필**을 사요'라는 문장도 쓸 수 있게 된다.

읽기 환경에 노출시키면서 부모들이 반드시 알아야 하는 중요한 사실이 한 가지 있다. 한글은 읽기 상황에서 소리의 변화가 굉장히 많이 나타나는 언어라는 점이다. 이는 말소리가 결합하면서 소리가 자연스럽게 변하는 것을 말하는데, 가장 기초적이면서 흔한 것은 연음화*와 경음화** 현상이다. 머리가 아파 올지도 모른다. 하지만 걱정하지 마시라. 우리는 이미 말소리의 변화를 자연스럽게 자동적으로 적용하여 말을 하고 있다. 다음의 문장을 읽어 보자.

"나는 오늘 점심으로 국수를 먹고, 친구는 햄버거를 먹었다."

이 글을 읽고 있는 독자 중 99%가 [나는 오늘 점시므로 국쑤를 먹꼬, 친구는 햄버거를 머건따]라고 읽었을 것이다. 이처럼 우리는 이미 자연스럽게 말소리의 변화를 적용해서 말하고 있다. 그 이유는 그렇게 말하는 것이 쉽기도 하고, 그러한 발음으로 듣고 말하기를 배웠기 때문이다. 즉 의미를 알고 있다면 따로 노력하지 않아도 말소리의 변화를 적용해서 읽을 수 있다. 반면에 아이들이 문장을 읽기 시작하는 초기에는 아직까지 읽기 능력이 능숙하지 못하기 때문에 읽어 내는 그 자체에 모든 집중을 다하게 된다. 그래서 이러한 말소리의 변화를 쉽게 적용하지 못하고, 쓰여 있는 글자를 그대로 읽기도 한다. 예를 들면 [나는 오늘 점심/으로 국/수를 먹/고, 친구는 햄버거를 먹/었/다]라고 읽는다. 이 경우 부모들은 어떻게 해 주어야 할까? 자연스럽게 질문을 던져 보자.

"나는 점심으로 뭘 먹었대?"

* 받침소리가 바로 뒤에 'ㅇ'과 만나면서 뒤로 넘어가 발음이 되는 것.

** 특정 받침소리에 의해 뒤에 오는 글자의 소리가 'ㄲ, ㄸ, ㅆ, ㅉ'로 바뀌어 소리 나는 것.

그러면 아이는 당연하다는 듯이, "[국쑤를 머걷때]"라고 말할 것이다. 그럼 이때, 부모는 "어, 맞아. 글자는 국/수라고 쓰여 있는데 말할 때는 [국쑤]라고 말하는 건가 봐"라고 이야기해 주면 된다. 가르치듯이 아니라, 그냥 부모도 이제야 깨달았다는 듯이 말이다. 이러한 현상은 쓰기를 지도할 때 더욱 자주 확인할 수 있다. 한글이 읽기보다 쓰기가 더 어려운 이유가 바로 이 말소리 변화 규칙을 적용하기 때문인데, 아이들이 처음에는 소리 나는 대로 쓰다가 자주 읽고—위에서 설명한 읽기 상황과 같은 지도와 수정과 더불어—자주 쓰면서 해당 단어의 형태가 머릿속에 안착되면 정확성을 확립하게 되고, 이 과정이 더욱 반복되면 자연스럽게 쓰기가 이루어지게 된다.

8세 이후
: 사회성 및 정서 발달은 읽기-쓰기에서부터

아이가 학교에 입학했다. 막상 학교에 가 보니 생각하는 것보다 더 많은 아이들이 입학 전에 이미 한글 읽기를 습득했다. 다행스럽게도 내 아이 역시 한글 읽기를 또래만큼 익혀서 입학했기 때문에 읽어 내는 것은 큰 문제가 없었다. 학교에서 아이들과 함께 소리 내어 읽기를 할 때도 별문제 없었으며, 받아쓰기 시험을 실시하지 않는 학교가 많아졌고, 실시를 한다 해도 시험 보기 전에 이미 시험 볼 문장을 모두 알려 주기 때문에 큰 부담이 없다. 읽어 내는 것과 친구들만큼 쓰는 것은 큰 어려움이 없다는 것이 확인되었다. 자, 이제부터 중요한 것은 '읽은 내용을 얼마나 잘 이해하는가'이다. 인간이 엄마 배 속에서부터 듣기 기술을 습득하고, 태어나서는 말소리를 지각하고, 소리와 글자를 연결하고, 단어를 읽어 내는 능력을 습득한 이유는 결국 읽은 내용을 잘 이해하기 위해서다.

대부분의 학습은 '읽기'와 '쓰기'를 통해 이루어진다. 그렇기 때문에 읽기와 쓰기 기술에 제한이 있는 경우에는 학습에 어려움을 가질 수밖에 없다. 하지만 이러한 사실은 비단 우리나라에만 국한되는 것이 아니다. 학령기 아동의 학습은 아이들이 기존에 알고 있던 지식과 읽기를 통해 얻게 된 새로운 내용을 분석하고 취합해 새로운 의미를 부여하거나 새로운 정보로 저장하는 과정을 통해 이루어진다. 이 과정에서 가장 중요하게 요구되는 것이 바로 '읽기 이해력'이다. 그렇기 때문에 학령기 아동에게 읽기 능력이란, 그들에게 제1의 사회인 학교에 적응하기 위해 필요한 가장 중요한 기술이 되는 것이다. 읽기를 통해 본격적으로 학습을 시작하게 되는 때는 초등학교 3~4학년이다. 이 시기가 되면 교과목도 늘어나서 사회, 과학, 도덕 등의 교과 수업이 추가된다. 사회, 과학 교과목을 떠올려 보면 내용도 내용이지만, 기본적인 개념을 이해하는 데 필수적인 어휘가 굉장히 어려웠던 기억이 난다. 사회, 과학 교과목에 등장하는 어휘는 일명 '고효율 어휘'라고 하는데, 일상적인 생활을 할 때는 별로 사용하지 않는 단어지만 학습을 위해서는 반드시 알아야 하는 어휘를 일컫는다.

예를 들어 설명해 보자. 당신은 친구와 즐겁게 등산을 즐기고 있다. 그때 친구가 이렇게 묻는다.

"저 산의 **등고선**을 좀 봐. 산이 정말 멋지지 않니?"

"이 지도의 **축적**을 고려했을 때, **목적지**까지의 거리는 말이야……."

이 대화는 굉장히 어색하다.

"저 산 정말 높다, 그치?"

"지도에서 보면 가까운 곳이야."

위처럼 묻고 말하는 것이 더 자연스럽다. 그 이유는 앞선 대화 상황에서 글에서나 쓸 법한 고효율 어휘를 사용했기 때문이다. 고효율 어휘는 일상적으로는 사용할 일이 별로 없을 뿐만 아니라 오히려 잘못 사용하면 어색하거나 이상하기까지 하다. 이런 어휘들은 대화를 할 때는 잘 사용하지 않는다. 하지만 학습을 할 때는 핵심적인 요소이기 때문에 자주 읽고, 기억해 주어야 한다. 고효율 어휘는 대화 상황이 아닌 읽기 상황에서 배울 수 있다는 뜻이다. 따라서 읽기가 잘 발달되어야 학습에 필요한 어휘를 학습할 수 있고, 읽기를 통한 어휘 학습이 잘 발달되어야 읽은 내용을 더 잘 이해하고, 오래 기억할 수 있다. 읽기를 통한 어휘 학습과 어휘 학습을 통한 읽기 이해력 향상은 서로 상호 보완적으로 발달하게 된다. 읽기를 잘해야 읽기를 통해 이루어지는 학습을 잘할 수 있게 된다.

심지어 학교에서 치르는 대부분의 시험도 모두 읽기와 쓰기를 통해 이루어진다. 물론 최근에는 지필 평가의 한계를 극복하기 위해 수행 평가라는 평가 영역이 만들어졌지만, 그 실효성에 대해서는 학생들이나 학부모 모두가 여전히 깊은 의구심을 갖고 있다. 지필 평가가 갖는 한계 혹은 불평등을 보완하기 위해 수행 평가가 생겨났지만, 일부

지역에서는 수행 평가 점수를 잘 받기 위한 학원이 덩달아 성행한다고 하니, 과연 수행 평가가 한계와 불평등을 극복하기 위한 것인지, 아니면 그 격차를 더 크게 하려는 것인지 알 수 없는 노릇이다.

예를 들어 과학 시간에 식물을 길러 그 변화 과정을 보고서 형태로 작성해야 한다고 해 보자. 식물을 대신 길러 주고, 그 과정을 사진으로 남기고, 보고서를 작성하는 것은 전문가들에게는 그리 어려운 일이 아니다. 게다가 중학생 과제에서는 중학생의 수행처럼 보이게, 고등학생 과제에서는 고등학생의 수행처럼 보이게 적당히 어색함을 만들어 주는 것까지도 가능하다고 한다. 수행 평가라는 제도를 만든 이유를 생각해 본다면 수행 평가는 지필 평가와 다르게 이루어져야 한다. 하지만 읽고 쓰기에서 벗어나 학생의 언어적 수행을 평가하는 것은 쉽지 않은 일이다. 또한 중고등학교 수행 평가는 내신을 결정짓는 매우 중요한 사안이기 때문에 평가의 기준이 모호하다면 오히려 불만의 대상이 될 수 있다. 그렇기 때문에 수행 평가를 평가할 수 있는 명확한 기준이 제공되어야 하며, 이러한 점수들이 정량적으로 나타나야 하는 것이다.

최근에 난독증 중학생의 영어 말하기 수행 평가를 도와주게 되었다. 선생님은 미리 주제를 알려 주었고, 말해야 하는 문장의 수와 어절의 수를 정해 주었다. 또한 문장에 반드시 포함시켜야 할 문법 요소도 사전에 제시해 주었다. 말하기 시험이지만, 학생의 읽기 능력, 쓰기 능력, 심지어 암기 능력까지 요구되는 과제였다. 이것이 영어 수행 평가의 현실이다. 이것이 과연 지필 평가의 한계와 불평등을 보완하고자

고안된 방법이 맞을까? 말하기 수행 평가를 위해 발표문을 작성해야 하는 것은 쓰기 평가다. 그리고 결국 그 발표문을 읽고 외우는 것은 읽기 능력과 암기력을 요구한다. 여전히 지필 평가를 중심으로 학습 기능을 평가하고 있으며, 대부분의 학습도 읽기와 쓰기를 통해 이루어지고 있는 것이다.

물론 읽기 능력을 키워야 하는 것이 공부를 잘하기 위함은 절대로 아니다. 다만 읽기를 잘하지 못하면 학습이 어려워지는 것은 절대적 사실이다. 학습이 어려울 정도로 읽기-쓰기 수행이 잘되지 않거나 학습에 방해가 될 정도로 읽고 이해하는 능력에 제한을 보인다면, 그것은 결국 아이의 학교생활에 어려움을 유발할 수 있고, 자존감에도 영향을 주게 된다. 더불어 아이의 사회성 및 정서 발달에도 악영향을 끼칠 수 있다. 다시 한 번 말하지만, 공부를 잘하기 위해서 읽기를 하는 것은 아니다. 또한 책을 읽는 이유가 좋은 대학을 가기 위해서만도 아니다. 그럼에도 불구하고 아이들에게 읽기를 강조하는 이유는 읽기가 아이들의 사회성과 정서 발달에 중요하기 때문이다. 친구들과 주고받는 메시지에서부터 마음의 양식인 책을 통해 얻는 수많은 경험과 감동까지, 각 연령에서 즐길 수 있는 다양한 영역에서 읽기 기술이 많은 역할을 하고 있다는 것을 기억해야 한다.

더불어 내 아이는 그저 즐겁게 책을 읽었을 뿐인데 학교에서 공부도 잘하고, 자존감도 높아진다면 독려하지 않을 이유가 있겠는가?

읽기 전문가가 확인해 주는 연령별 언어 및 읽기 발달 단계 체크리스트

엄마들은 모두 내 아이의 언어 발달 혹은 읽기 발달이 연령에 맞게 잘 이루어지고 있는지 궁금하다. 하지만 정확한 기준을 찾기가 쉽지 않다. 이럴 때 내 아이의 언어 및 읽기 발달이 조금 느린 것 같다고 고민을 토로하게 된다. 주변의 엄마들이 '너무 예민하게 굴지 마라' '우리 아이는 더했다'라고 조언해 주면 한편으로는 위안을 받지만, 마음 한 구석에는 불안이 사라지지 않는다. 가끔은 내 아이가 일반적인 발달이라고 생각하고 있었는데, '아이가 조금 느린 것 같으니 전문가에게 찾아가 보라'는 권유를 받기도 한다. 순간적으로는 불쾌하지만 이내 불안한 마음이 올라올 것이다. 이럴 때, 읽기 전문가가 확인해 주는 연령별 언어 및 읽기 발달 단계 체크리스트를 실시해 보자.

	2~3세	예	아니오
1	그림책을 보면서 '선택'을 요구하는 질문에 대해 적절하게 대답할 수 있다.		
2	그림책을 보면서 '무엇'이라는 의문사에 대해 사물의 이름으로 대답할 수 있다.		
3	동화책을 읽어 줄 때 억양에 따른 의미 차이를 이해할 수 있다.		
4	함께 그림책을 보면서 '이건 뭐야?'라는 질문을 할 수 있다.		
5	그림책을 보면서 2~3개의 낱말로 이루어진 문장을 사용해 말할 수 있다.		
6	그림책을 보면서 '왜'를 사용한 질문을 할 수 있다.		

이 시기는 활자를 통한 읽기 및 쓰기 발달이 본격적으로 이루어지는 시기는 아닙니다. 의사소통 기능으로서의 읽기를 발달시키기 위해서 듣기, 말하기를 통한 언어 발달이 주로 이루어지는 시기입니다. 위의 6개의 문항 중에서 4개 이상의 항목에서 '아니오'가 나왔다면 아이의 언어 이해 및 표현을 촉진할 수 있는 활동을 해 주세요.

	3~4세	예	아니오
1	처음 보는 동화책의 앞표지와 뒤표지를 구분할 수 있다.		
2	책 읽는 방향(왼쪽→오른쪽)을 이해할 수 있다.		
3	책을 주면 마치 실제로 읽는 것처럼 행동할 수 있다.		
4	본인과 아빠의 성(姓)이 같음을 알아챌 수 있다.		
5	필기구를 손에 쥐고 가로 수직선을 그릴 수 있다.		
6	기존에 읽었던 동화책을 표지 그림이나 제목을 보고 찾을 수 있다.		

만약 6개 중에 4개 이상의 항목에서 '아니오'를 선택했다면 책 읽기 활동에 더욱 노출을 시켜 주세요. 주양육자와 함께 즐겁게 책 읽는 활동을 일과 중에 반드시 포함하고, 말놀이("리, 리, 리 자로 끝나는 말은~") 등의 활동도 병행해 주면 좋습니다. 또한 손에 쥐기 쉬운 아동용 색연필이나 연필 등을 이용하여 선 긋기나 그리기 활동도 함께 해 주세요.

	5~6세	예	아니오
1	같은 음절로 시작하는 낱말을 찾을 수 있다. (예: "나, 나, 나 자로 시작되는 말~" 나비, 나팔, 나무, 나라 등)		
2	두 개의 소리를 합쳐서 하나의 낱말을 말할 수 있다. (예: '가'와 '방'을 합치면 '가방'이 된다는 것을 말할 수 있음) (주의: 글자를 읽는 것이 아니라 소리로만 하는 것임)		
3	하나의 낱말을 몇 개의 소리로 나누어 말할 수 있다. (예: '코끼리'를 소리로 나누면 '코' '끼' '리' 세 개가 된다는 것을 말할 수 있음) (주의: 글자를 읽는 것이 아니라 소리로만 하는 것임)		
4	지난주에 배웠던 통낱말(낱말 카드로 익힌 낱말)을 일주일 후에 다시 물었을 때, 10개 중 7개 이상 읽을 수 있다.		
5	다른 낱말에서 자신이 알고 있는 글자를 찾아 읽을 수 있다. (예: '구'를 알고 있는 경우, '고구마'에서 가운데 글자를 읽을 수 있음)		
6	필기구를 손에 쥐고 세로 수직선이나 도형을 그릴 수 있다.		
7	자신의 이름을 쓸 수 있다.		
8	다른 사람이 써 놓은 낱말을 따라 쓸 수 있다.		

읽기 학습을 시작하지 않은 아동이 8개 중에 6개 이상 '아니오'를 선택했다면 책 놀이 활동 기회를 확대해 주고, 아이의 관심이 생겼을 때, 한글 학습을 시작해 주면 좋습니다. 또한 말놀이 등의 활동을 병행하면서 아이가 말소리에 대한 인식을 할 수 있도록 도와주세요.

읽기 학습을 시작한 지 6개월 이상이 된 아동이 8개 중에 4개 이상 '아니오'를 선택했다면, 통낱말 학습을 시작하기 전에 말소리에 대한 인식이나 말소리의 음절에 대한 인식이 가능한지 먼저 확인해 주는 것이 좋습니다. 또한 한글 노출 시간을 조금 더 늘려 볼 필요도 있겠습니다.

	7세	예	아니오
1	'감'과 '공'의 첫소리가 모두 'ㄱ'의 같은 소리로 시작함을 알고 있다.		
2	두 개 이상의 소리를 합쳐서 하나의 음절을 말할 수 있다. (예: 'ㅁ' 'ㅜ' 'ㄹ'을 합치면 '물'이 된다는 것을 말할 수 있음) (주의: 글자를 읽는 것이 아니라 소리로만 하는 것임)		
3	하나의 음절을 몇 개의 소리로 나누어 말할 수 있다. (예: '톱'을 세 개의 소리로 나누면 'ㅌ' 'ㅗ' 'ㅂ'이 된다는 것을 말할 수 있음) (주의: 글자를 읽는 것이 아니라 소리로만 하는 것임)		
4	통낱말로 읽을 수 있는 단어의 수가 꾸준히 증가하고 있다.		
5	자주 읽는 동화책에 등장하는 몇 개의 낱말을 읽을 수 있다.		
6	자신이 자주 본 단어는 기억해서 쓸 수 있다.		
7	불러 주는 단어를 정확하게 쓰거나 틀리더라도 소리 나는 대로 쓸 수 있다. (예: 국수를 '국쑤'라고 써도 OK)		

읽기 학습을 시작하지 않은 아동이 7개 중에 5개 이상 '아니오'를 선택했다면, 읽기 학습을 본격적으로 시작하는 것이 필요합니다. 말소리 인식과 관련된 활동을 병행해야 하며, 통낱말 학습을 시작해도 좋으나, 진전이 되지 않는다고 판단된다면 학습 방법을 바꿔 봐도 좋습니다.

읽기 학습을 시작한 지 6개월 이상이 된 아동이 7개 중에 3개 이상 '아니오'를 선택했다면, 통낱말 학습이 아닌 말소리와 글자를 연결하는 읽기 학습 방법으로 지도하는 것을 고려해 볼 필요가 있습니다. 가정 내에서 정확한 판단이나 지도 방법을 선택하기 어려운 경우 전문가를 만나 보세요.

	초등 1학년	예	아니오
1	교과서를 정확하게 읽을 수 있다. (50개 정도의 낱말을 읽을 때, 오류가 3개 이하여야 함)		
2	60개 정도의 낱말로 이루어진 글을 1분 안에 틀리지 않고 읽을 수 있다.		
3	쓰인 글자와 다른 소리로 읽히는 단어를 바르게 읽을 수 있다. (예: 있습니다→이씀니다, 갔어요→가써요)		
4	문장을 읽을 때, 띄어 읽기를 적절하게 할 수 있다.		
5	처음 보는 낱말도 정확하게 읽어 낼 수 있다.		
6	문장 수준의 받아쓰기를 할 수 있다.		
7	겹받침이지만 자주 보는 것은 쓰기가 가능하다. (예: 받침 ㅆ, 받침 ㄺ, 받침 ㄻ 등)		

1학년 여름방학이 지나도록 7개 중 4개 이상 '아니오'를 선택한다면, 읽기 학습에 어려움이 있을 가능성이 높습니다. 아동의 읽기 학습에 대한 정확한 평가 및 지도 방법에 대한 안내를 위해 전문가를 만나 보기를 권합니다.

3장

어떤 책을 보여 줘야 할까?

부모가 아닌 아이에게 맞춘 책 고르기

내 아이에게 어떤 책을 보여 줘야 할까?

아직 글을 읽지 못하는 아이라면 부모가 정해서 읽어 주는 책을 반복해서 보는 비자발적 독자일 것이다. 만약 아이에게 선택권을 준다면? 그림을 보고 마음에 들면 책을 펼쳐 보거나, 자신이 좋아하는 대상이 많이 등장하는 책을 선택하게 될 것이다. 어떤 책을 보여 줄지, 혹은 어떤 책을 보도록 유도해야 할지에 대한 지침서들은 많다. 책들을 살펴보면, 저자의 가치관에 따라 아이에게 자율권을 줄 것인지 아닌지가 극명하게 달라진다. 두 의견 중에 나는 아이에게 자율권을 주어야 한다는 의견을 적극적으로 지지한다. 스스로 선택한 책을 읽기 시작한다는 것은 아이가 즐겁게 독서를 시작할 수 있음을 의미하는 것이기 때문이다.

나 역시도 그렇다. 책을 많이 읽지만 대부분이 전공 도서나 전공 관련 도서들이다. 나의 독서 리스트를 보고 있노라면 '어렸을 때 좀 더 즐거운 마음으로 독서를 접하는 경험이 많았다면 지금의 나와는 다르지 않았을까' 하고 생각하게 된다.

생애 첫 책 읽기를 시작할 때, 읽는 행위 자체에 대한 즐거움을 줄 수 있다면 어떤 책을 보여 주느냐는 그리 중요한 것이 아닐 수도 있다. 전집을 집에 들여 아이에게 많은 책을 선보일 수도 있고, 서점이나 도서관에 들러 아이가 선택하는 책을 단행본으로 읽게 할 수도 있다. 어떤 책을 어떤 방법으로 읽게 해야 하는지에 너무 집착하지 않아도 된다. 아이가 읽다가 지겨워지면 다른 책으로 바꿔 읽을 수도 있다. 그리고 시간이 한참 지난 후에 다시 그 책을 꺼내 읽을 수도 있다. 책을 완독하는 경험을 몇 번 하다 보면 아이는 책 읽기에 대한 힘을 가지게 된다. 물론 완독 자체에 몰입하다 보면 아이는 완독이 쉬운 책만 골라 읽으려고 할지도 모른다. 그렇기에 아이의 완독을 응원은 하되, 강요는 마라. 엄마가 할 일은 단 하나. 아이의 연령에 맞게 발달 과업을 촉진할 만한 책을 제공할 수 있다면 더할 나위 없다.

감각 발달이 필요한 신생아를 위한 책

아이가 태어나서 첫 낱말을 산출하기까지는 다양한 감각이 살아나고 발달하는 중요한 시기다. 이때 이러한 감각을 얼마나 더 활성화해주느냐가 아이에게 중요하기 때문에, 부모는 책을 통해 감각의 발달을 도울 수 있다. 다양한 사운드북과 동요가 말소리 습득에 도움이 되는데, 노래를 통한 말소리 습득은 정확한 말소리에 대한 인식 및 발달, 그리고 발음의 발달, 향후 읽기 능력 발달에도 긍정적인 영향을 줄 수 있다.

① 초점 책

생후 0~2개월은 영아의 시각이 급격하게 발달하는 시기다. 산후 조리원에 가면 아이들 침대 머리맡에 너 나 할 것 없이 흑백의 초점 책이

병풍처럼 둘러져 있다. 초점 책은 흑백으로 시작해서 원색의 색감이 가미된 것 순으로 보여 주는 것이 좋다. 그래서 모빌도 흑백 모빌과 컬러 모빌로 나뉘어 있다. 초점 책을 안 본다고 해서 아이의 시력에 문제가 생기는 것은 아니지만, 초점 책으로 아이의 시각 발달을 촉진하도록 도울 수 있다.

초점 책은 대개 표지와 내지가 모두 두꺼운 보드북이며, 병풍처럼 펼칠 수 있게 페이지가 서로 붙어 있는 것도 많다.

② 감각 놀이 책

생후 돌까지는 영아의 오감 발달을 촉진하기 위한 노력을 기울여야 한다. 이 시기에는 시각, 청각, 촉각 등 다양한 감각을 자극하는 책을 보여 줄 수 있다. 시각을 자극하기 위해 색감이 다양한 책을 보여 줄 수 있고, 청각을 자극하기 위해 종이가 아닌 헝겊으로 만든 책을 보여 줄 수도 있다. 헝겊책은 헝겊 안에 비닐이 들어 있어 책장을 만지거나 페이지를 넘길 때마다 '바스락바스락' 소리가 난다.

또한 다양한 사물에 대한 질감을 느껴 볼 수 있도록 그림 속 사물의 일부분을 실제 재질로 덧대어 페이지를 구성하기도 한다. 모래의 질감이 느껴지는 모래성이 있고, 면이나 벨벳 등 다양한 질감을 느낄 수 있게 실제 천이 붙어 있는 식이다. 엄마가 책을 읽어 주면 아이는 손끝으로 직접 만지고 느끼면서 다양한 자극을 경험할 수 있다.

이러한 감각 놀이 책은 대개 보드북이나 헝겊책, 플랩북*, 팝업북**의 형태를 띤다.

③ 까꿍 책

이 시기에 아이들은 '사물 영속성'이라는 것이 발달한다. 사물 영속성이란 눈앞에 있던 물건이 갑자기 보이지 않아도, 그 물건은 없어진 것이 아니라 주변에 존재하기 때문에 찾을 수 있음을 인지하는 것을 의미한다. 사물 영속성은 이후 부모와의 애착에도 영향을 미치기 때문에 매우 중요한 기능이다. 사물 영속성이 발달하면서 아이는 가려진 물건 찾기를 즐기게 된다. 까꿍 놀이를 할 수 있는 까꿍 책을 반복적으로 보다 보면 아이는 눈에 보이지 않지만 대상이 '그 안에 존재한다'라는 것을 이해하게 된다.

④ 사운드북

이 시기에는 직접적으로 소리를 많이 듣도록 만든 사운드북을 많이 보게 된다. 소방차 버튼을 누르면 소방차 사이렌 소리가 나오고, 케이크 그림을 누르면 생일 축하 노래가 나온다. 좋아하는 애니메이션의 주제가가 나오는 사운드북이나 다양한 악기 소리가 나오는 책도 있

* 그림의 일부분에 헝겊이나 종이를 덧대어 만든 책. 실제 질감을 느끼게 하기 위해 실제 사물을 붙이기도 한다.

** 책을 펼치면 다른 그림이나 사물이 툭 튀어나오는 책.

다. 익숙한 동요를 통해 말소리를 익힐 수 있고, 의성어나 의태어를 익히기에도 매우 용이하다. 여기서 중요한 것은 아이가 버튼을 누르거나 책장을 넘기는 식으로 어떠한 행위를 했을 때, 그 결과로 소리가 나온다는 점이다. 아이는 이 과정을 통해 인과관계에 대한 개념을 자연스럽게 습득하게 되며, 아이가 스스로 눌러서 소리가 났을 때 성취감도 느끼게 된다.

어휘 폭발기에 부스터를 달아 줄 책

어휘 폭발기를 맞이하면서 아이들은 한 낱말로 자신의 의사를 표현할 수 있고, 걸을 수 있으며, 원하는 것을 얻고자 적절한 방법으로 요구를 할 수 있다. 또한 어휘가 급진적으로 발달하면서 인지 수준도 급변하기 때문에 언어 발달을 촉진할 수 있는 책을 읽히면 좋다. 하루가 다르게 새로운 어휘를 습득하기 때문에 사물 그림책 등을 통한 개념 습득과 주변 환경에 대한 이해를 돕는 책을 보여 주면 언어 발달과 인지 발달에 도움을 줄 수 있다.

① 개념 책

이 시기 아이들의 어휘 발달은 매우 급진적으로 이루어진다. 어휘를 습득할 준비가 되어 있고, 실제로 공동 주의*를 기울일 수 있다. 공동주의가 활발하게 일어날수록 어휘 발달에 도움을 주는데, 책을 통해서도 촉진할 수 있다. 이때 개념 책을 사용해 보자. 다양한 사물이나 모양, 색깔, 명칭 등을 쉽게 알려 줄 수 있도록 명확한 상징성을 가진 큼직큼직한 그림이 그려져 있다. 아직까지는 숫자나 글자 등의 기호보다는 실제 사진이나 사물의 그림으로 표현된 개념 책이 적합하며, 아이들에게 일상생활에서 쉽게 볼 수 있는 익숙한 사물이나 동물 그림, 색깔, 도형 등의 개념 책이 좋다.

② 일상생활 책

걸을 수 있다는 것은 스스로 걸어가서 자신이 원하는 것을 만질 수 있게 되었음을 의미한다. 이 시기의 아이들은 아장아장 걷기를 시작해 좀 더 날렵한 걸음걸이를 갖게 된다. 따라서 보다 많은 사물을 볼 수 있고 만날 수 있으며, 다양한 맥락을 관찰할 수 있게 된다. 또한 자신이 경험할 수 있는 일상생활의 범주도 넓어지기 때문에 이와 관련한 책을 보여 주면 흥미로워할 것이다. 예를 들어 산책을 나가서 만나는 식물이나 곤충들에 대한 동화책, 혼자 밥을 먹으면서 옷과 얼굴에 음식을 잔뜩 묻히는 내용의 동화책 등은 자신의 모습과 동화되어 아이들이 더

* joint attention: 주양육자와 아이가 같은 맥락이나 같은 사물에 대해 함께 주의를 기울일 수 있는 능력.

욱 재미있게 책을 볼 수 있다.

③ 의성어, 의태어 책

의성어와 의태어는 어휘 발달에서 매우 중요하다. 대부분의 의성어와 의태어는 같은 소리가 반복되거나 같은 음절이 반복되기 때문에 따라 말하기도 쉬워 아직 정확한 발음을 산출하기 어려운 유아들도 말하기가 가능하다. 특히 의성어와 의태어는 아이들이 좋아하는 교통 기관, 동물, 곤충 등과 함께 제시되는 경우가 많기 때문에 개념 책과 함께 사용할 수 있다. 함께 책을 보면서 의성어와 의태어에 충분히 노출되었다면 놀잇감을 꺼내 아이와 상호작용하면서 의성어와 의태어를 산출해 보도록 한다. 아이는 따라 말하는 것과 반복되는 소리에 재미를 느낄 것이다. 이후 산책을 나갔다가 책에서 보았던 교통 기관이나 동물 혹은 곤충을 만나게 된다면 아이는 엄마와 놀이를 하면서 말해 보았던 의성어와 의태어를 거침없이 말할 것이다.

④ 선 긋기 책

이 시기에는 (낙서 수준이지만) 필기구를 손에 쥐고, 무엇인가를 끄적거릴 수 있다. 손에 쉽게 잡히는 굵은 색연필 등을 이용해 가로선 긋기를 시작으로 세로선 긋기, 물결선 긋기 등, 대근육을 이용한 선 긋기를 한다. 이러한 선 긋기 활동은 향후 글씨 쓰기를 위한 운필력을 키울 수 있다. 즉 쓰기 능력에 관여하는 대근육 활동을 촉진해 줄 수 있다.

다만 이 시기에는 형태를 그릴 수는 있지만 정확한 특징을 나타낼 수 없고, 낙서처럼 흉내만 낼 뿐이다. 따라서 자유롭게 낙서를 할 공간을 제공해 주는 책을 선택하도록 한다.

자신의 의견이 생기는 3 ~ 4세를 위한 책

3~4세가 되면 아이들은 이제 꽤 자랐다. 어린이집에서 친구도 사귀고, 가끔 다투기도 한다. 말도 제법 늘어 자신의 의견과 감정을 적절하게 전달할 수 있다. 인지 기능도 발달하고 자기의 의견이 생기면서 고집도 늘었다. 지켜야 할 사회적 규칙이 점차 많아지는데, 아직 그에 대한 정확한 개념 습득과 이해가 어렵다. 그래서 가끔은 규칙을 지키지 않아 혼이 나기도 하고, 억울해하기도 한다.

① 바른 생활 책

이 시기의 아이들에게 바른 생활을 가르쳐 주는 것만큼 중요한 것은 없다. 사회적 규칙을 배우기 시작하면서 지금까지 해 보지 못했던 인내하기나 기다리기 능력을 발휘해야 한다. 가끔은 왜 그래야 하는지 이해하지 못하고, 하고 싶은 대로 했다가 선생님이나 엄마한테 혼이 나기도 한다. 이때 아이를 무조건 혼내거나 규칙을 무조건 지키라고 윽박지르기보다는 바른 생활을 알려 주는 책을 읽어 주고 함께 이야기 나누는 시간을 가지면 좋다. 자기가 아끼는 물건이지만 동생이 만지고 싶어 할 때, 동생에게 양보하면서 해 줘야 할 말이나 행동이 나타난 동화책을 보여 줄 수 있다. 혹은 동화 속 장난꾸러기 친구의 모습을 보면서 자신의 모습을 되돌아볼 수도 있다. 길에 쓰레기를 버리지 않는 것이나 이웃 어른들을 만나면 인사하는 법, 반찬을 골고루 먹는 것 등 바른 생활에 속하는 다양한 사회적 규범을 동화책을 통해 자연스럽게 익힐 수 있다.

② 똥 책

똥과 방귀는 아이들에게 거부할 수 없는 즐거움을 주는 소재다. 이때는 항문기*를 거치면서 배변 훈련을 통해 항문 근육의 자극을 경험하는 시기다. 아이들은 '똥 싸기'를 하기 위해 힘을 주거나 똥을 쌀 때 일어나는 자기 몸의 변화를 인식하게 된다. 더불어 똥과 방귀에 대한 관심도도 높아지게 된다. 그러나 비단 이 시기뿐이겠는가? 유아기 내내 아이들은 똥, 방귀, 코딱지 같은 단어만 들어도 배꼽을 움켜쥐고 웃어 댄다.

* 프로이트의 성격 발달 이론 중 2단계.

배변 훈련을 시키는 중이라면 배변 훈련과 관련된 책을 보여 주어도 좋다. 아이가 좋아하는 애니메이션 캐릭터가 똥을 잘 싸지 못해 어려움을 겪다가 드디어 똥을 싸는 장면이 나올 때 아이들은 진심으로 축하하며 기뻐한다. 박수 치고 환호한다. 다양한 동물들의 똥을 소개하는 이야기 책도 너무나 즐겁다. 내 똥과는 다르게 생긴 동물들의 똥에 놀라워하고, 그런 더러운 똥을 쫓는 똥파리에 또 한 번 즐거워한다.

③ 예측하기 책

아이들의 언어 발달을 살펴보면 아이들은 사물에 관련된 어휘를 습득할 때, 전체를 나타내는 어휘를 우선 습득하고 이후 사물의 부분을 지칭하는 어휘를 배우게 된다. 그 과정에서 아이들은 사물의 각 부분을 세밀하게 관찰하기 시작한다. 예를 들어 자동차의 일부인 바퀴를 살피면서 자동차의 바퀴와 트럭의 바퀴와 자전거의 바퀴가 모두 다르게 생겼음을 알게 된다. 또한 신체 일부인 귀나 꼬리를 보면서 동물마다 귀나 꼬리의 모양이 모두 다르다는 것을 알게 된다.

이때 사물의 일부만 보여 주는 예측하는 책을 살펴볼 수 있다. 사물의 일부분만을 보고 그 사물이 무엇인지 알아맞히는 책, 또는 동물 신체의 일부분을 보고 그 동물을 찾는 책 등이다. 때로는 예상하는 동물이 아닌 다른 동물이 나오도록 그림을 헷갈리게 그려 놓아 더욱 흥미를 끄는 경우도 있다. 어떤 책들은 그림자를 보여 주기도 한다. 그림자만을 보고 그 동물이나 사물이 무엇인지 예상해 볼 수 있다. 이런 책들은 대개 플랩북으로 되어 있고, 책의 한 부분이 접혀 있어 가려진 부분을 펼쳤을 때 나타나는 전체 그림이 내가 생각했던 것과 일치하는지 비교하며 읽는 재미가 아주 쏠쏠하다.

④ 테마북

아이들은 점점 자기가 좋아하는 분야가 확실해진다. 공룡에 빠지는 아이, 자동차에 몰입하는 아이, 공주 캐릭터에 동화되는 아이 등 그 분야는 다양하다. 아이들은 자기가 선호하는 분야가 확실해질수록 그 분야에 대해 더욱 탐색하고 싶어 하고, 깊이 알고 싶은 욕구를 드러낸다. 이때 아이가 너무 한 가지에 집착하는 것 같아 불안해하는 엄마들도 있다. 하지만 다섯 살 때 공주 캐릭터에 빠져 공주 옷만 입고 다녔던 시기를 흑역사로 생각하는 아이는 있어도, 초등학생이 되어서까지 공주 캐릭터에 계속 빠져 있는 아이는 거의 없다. 그러니 확 빠져들게 하는 것도 나쁘지 않다. 또한 이 시기에 내 아이가 성별에 맞지 않게 여자아이인데도 자동차를 좋아한다고 해서 걱정하지 마라. 더 이상 사회 구성원으로서 남성성, 여성성을 구별해 지도할 필요가 없다. 아이가 좋아한다면 마음껏 즐기게 해 주어도 좋다. 성별을 불문하고 어떤 한 분야에 몰입할 수 있는 좋은 기회가 될 것이다.

⑤ 스티커북(한글-사물 연결)

이 시기에는 자주 보는 익숙한 낱말이나 글자를 인식할 수 있다. 통낱말 형태로 글자를 익히기 시작하기 때문에 자신의 이름에 포함된 글자나 유치원 이름, 자신의 반 이름에 속한 글자를 인지하거나 읽을 수 있게 된다. 따라서 그림책이나 학습지 활용 등을 통해 스티커 붙이기 활동을 할 수 있다. 자신이 알고 있는 사물의 이름에 해당하는 낱말의 스티커를 가져다 붙일 수 있고, 개별 낱글자를 정확하게 인지하거나 읽을 수 없더라도 전체적인 단어의 형태를 기억해 찾아낼 수 있다. 또 글자에 관심이 있는 어린 연령의 아동 혹은 5세 말경의 아이들은 자주 접한 낱글자도 인지하거나 읽을 수 있다.

사회성이 급격하게 발달하고, 쓰기 준비를 시작하는 5~6세를 위한 책

5~6세의 아동이라면, 아이들에 따라 읽기-쓰기 학습을 이미 시작한 경우도 있다. 본격적인 학습 상황에 노출되는 아이들이 늘어나고, 친구들 중 읽고 쓰기가 가능해지는 아이가 많아지면서 자연스럽게 읽기와 쓰기에 관심을 갖게 된다. 읽고 쓰는 친구들의 모습을 보면서 동기화가 되어 읽기-쓰기 학습에 의지를 갖게 되므로 이를 잘 활용해 주면 도움이 될 것이다. 유치원에서도 상황에 대한 이해나 친구와의 관계를 보다 잘 이해하게 되므로 사회성이 급격하게 발달하고, 친구들과의 놀이에서도 즐거움이 나타나기 시작한다.

① 사회성 책

이 시기의 아이들은 자기와 뜻이 맞고, 놀이 방식과 취향이 비슷한 아이들끼리 뭉치기 시작한다. 남자아이들끼리는 은근히 서열이 생기기 시작하고, 여자아이들끼리는 사소한 다툼이 늘어난다. 물론 이내 다시 화해하고 잘 지내게 되지만, 단짝 친구의 개념이 생기고, 단짝 친구가 바뀌면서 친구에게 서운한 감정을 갖기도 한다. 격변하는 감정의 소용돌이는 타인에 대한 공감 능력이나 문제 해결 등의 다양한 사회기술을 익히게 하는 중요한 과정이기 때문에, 피하기보다는 슬기롭게 극복하도록 돕는 것이 필요하다. 따라서 이 시기의 아이들이 경험할 수 있는 흔한 문제인 친구 사귀기, 친구와 다툰 후 화해하기, 서로 양보하기, 좋아하는 마음 표현하기, 배려하기 등의 사회적 기술을 다룬 책을 보면서 자연스럽게 사회성을 길러 주는 것이 중요하다. 또한 아이들이 경험할 법한 특정한 문제 상황에서 당사자가 겪는 감정을 독서를 통해 간접 경험할 수도 있다. 친구의 감정이 어떤 것이었는지 혹은 자기가 현재 느끼는 감정이 정확하게 어떤 것인지 파악하지 못해서 문제 해결에 어려움을 가졌다면, 비슷한 문제 상황을 소재로 한 동화책을 읽게 하자. 제3자의 시선으로 문제를 바라보았을 때 오히려 쉽게 문제 해결의 단서를 찾을 수도 있다.

② 상상나라 책

이 시기의 아이들은 경험하지 못한 세상, 혹은 일어날 수 없는 일들을 상상하며 시간을 보내기도 한다. 몽상가다운 이러한 기질은 아이들로 하여금 상상력과 호기심을 최대한 이끌어 낸다. 아이들은 유령 이야기나 괴물 이야기를 들을 때 두 손으로 귀를 막고, 눈을 질끈 감은 채 무서움을 참는다. 그러면서도 이야기를 계속 듣고 싶어 한다. 두려움과 호기심을 동시에 느끼며 이 두 감정이 공존하는 것이다. 왜 그럴까 생각해 보면 아이들이 읽는 동화책 속 유령이나 괴물은 생김새는 비록 무섭지만 마음씨는 착하거나, 욕심을 부리고 친구들을 괴롭히다가도 약한 상대를 만나면 이내 마음이 약해지는 모습을 보인다. 이런 부분 때문에 아이들은 유령이나 괴물을 무서워하기보다는 귀엽고 친근하게 느낀다.

이 시기에는 자신이 경험하지 못한 일 중 죽음에 대해서도 관심을 가지게 된다. 실제로 이 시기의 아이들은 지속적으로 죽음과 관련된 질문을 한다.

"죽은 후에 어디로 가요?"

"돌아가신 할머니는 어떻게 됐어요?"

남은경 교수의 연구에 따르면 2세 아이들은 주변 사람의 죽음을 경험하더라도 죽음에 대한 개념을 인지하지 못한다. 하지만 3세 이후가 되면 가까운 가족의 죽음이나 집에서 키우던 동물이 죽었을 때 죽음에 반응하기 시작한다. 그러다가 5~6세경에는 죽음을 보다 구체화시켜 이해하게 되는데, 죽음 후에도 여전히 다른 형식으로 삶이 지속될 수 있다고(예를 들어 사후 세계) 생각하게 된다고 한다. 그렇기 때문에 죽음 후에 우리가 만나게 될 또 다른 세상을 상상하면서 꿈꿔 보는 것이 아닐까?

③ 사회 인지 책

아이들의 사회 기술이 발달하면서 동시에 발달해야 하는 중요한 기술 중 하나는 사회 인지 기술이다. 사회 인지 기술이란 사회에 속한 구성원으로서 한 개인이 어떤 행동을 선택하고 실천할 때 그가 속한 사회적 환경과 상황에 영향을 받게 되며, 사회적 환경과 상황으로부터 경험하고 학습함으로써 자신의 행동에 변화를 줄 수 있는 것을 말한다. 아주 거창한 이야기 같지만 쉽게 이야기하면 아이들은 자신이 속해 있는 유치원 환경이나 가족 내 관계를 통해 자신의 행동과 사고를 결정하거나 수정하게 된다는 것이다. 친구의 모습을 통해 그것을 타산지석 삼아 자신은 같은 잘못을 하지 않을 수도 있고, 어떤 행동에 대해 칭찬을 받았다면 그 행동을 더욱 강화할 수 있다. 하지만 다양한 경험을 실제 생활에서 모두 겪기는 어려울 수 있다. 이런 것을 대신 채워 줄 수 있는 것이 바로 책이다. 책 속에 나타난 다양한 사회적 상황과 환경은 아이들로 하여금 자신의 모습을 되돌아보게 하고, 미루어 짐작하게 하며, 어떠한 행동에 대해 나타날 결과를 예측할 수 있게 돕는다. 이렇게 습득된 사회 인지 기술은 결국 아동의 사회 적응력과 사회성에 영향을 미치는 중요한 요건이 될 것이다.

④ 낱말 카드

5세 이전의 아동에게 사용하는 그림 카드는 대개 사물의 이름과 그림 혹은 실제 사진을 연결하면서 일상적인 개념과 어휘력을 가르쳐 주기 위한 용도였다. 5세 이상의 아동에게는 말로만 해당 낱말을 들려주는 것이 아니라, 낱말의 이름을 활자로 보여 주는 것이 중요하다. 따라서 이 시기에 사용하는 낱말 카드의 활동 목표는 그림 혹은 사진과 낱말의 글자를 연결할 수 있도록 노출시켜 주는 것이다. 처음에는 전체 낱말도 읽기 어려울 수 있지만 반복적으로 노출하면 자연스럽게 글자의 형태와 그림을 연결할 수 있게 된다. 다만 이 시기에 글자를 읽어 내는 것을 연습하기 위해 그림과 낱말을 연결하는 활동에 집착할 필요는 없다. 그저 노출의 개념으로만 사용하면 된다.

⑤ 따라 쓰기 책

이 시기의 아이들은 따라 쓰기 과제를 진행할 수 있다. 그림으로 제시된 낱말을 따라 쓸 수도 있고, 글자를 보고 따라 쓸 수도 있다. 보통 이러한 교재는 맞춤법 지도서나 쓰기 연습 책으로 많이 출시되어 있는데, 가능하면 아이가 좋아해서 자주 읽는 동화책에서 부모가 몇 개의 단어를 발췌해 집에서 만들어서 사용하면 좋다. 이 단계에서는 따라 쓰기 이후의 단계인 보고 쓰기, 기억해서 쓰기 과제까지 진행할 필요는 없다.

본격적인 학습을 준비하는 7세를 위한 책

아이가 7세가 되면 유치원 최고 학급이 되어 학교에 입학할 준비를 본격적으로 하게 된다. 아직 초등학생은 아니지만, 조금 빠른 아이는 이미 본격적인 학습 상황에 노출되기 시작한다.

① 글자-소리 학습 읽기 책

이 시기에는 글을 읽을 수 있는 아이들이 제법 많아지고, 읽기 발달의 속도도 가속화된다. 따라서 쉽고 자주 볼 수 있는 단어들로 이루어진 동화책을 아이와 함께 순서대로 번갈아 읽어도 좋고, 엄마가 읽는 동안 아이가 손가락으로 따라가면서 눈으로 읽도록 지도해도 좋다. 다양한 장르의 동화책을 읽게 하자. 이 과정에서 아이는 관심 있는 분야에 대한 책을 선호하게 되고, 반복적으로 읽기를 시도하려는 양상이 나타날 수 있다. 만약 아이가 하나의 주제에 대해 반복 읽기를 원하거나 깊이 있는 독서를 원한다면, 그 주제에 집중할 시간을 충분히 제공하는 것이 좋다.

② 만들기 책(색종이 접기 등)

7세 아이들은 이야기 책을 중심으로 읽기를 진행하지만, 쉬운 설명문의 경우에는 이해가 가능하다. 쉬운 설명문의 대표적인 예로는 순서대로 방법을 알려 주는 만들기 책이 있다. 아이들은 색종이 접기 책이나 만들기 관련 책을 보면서 설명문에 대한 기본적인 구조를 익힐 수 있다. 또한 설명서에 등장하는 명령문의 형태를 이해하고, 인과관계 등을 파악할 수 있게 되므로 아이들의 비문학 이해에 대한 기초를 쌓을 수 있다.

③ 철자 지도 책

이 시기에는 읽기 학습과 함께 쓰기 기술도 크게 발달을 이룬다. 쓰기에서는 글자와 소리가 일치하는 단어들(가방, 나무, 지구 등)뿐만 아니라 음운 변동(연음화, 경음화, 격음화, ㅎ 탈락)이 적용된 단어들(군인, 학교, 입학, 좋아요 등)* 의 철자에 대한 바른 표기를 익히게 된다. 음운

* 예를 들어 연음화는 군인[구닌], 경음화는 학교[학꾜], 격음화는 입학[입팍], ㅎ 탈락은 좋아요[조아요]다.

변동이 적용된 단어들에서 맞춤법 실수가 자주 일어날 수 있기 때문에 철자 지도서를 중심으로 맞춤법 연습을 진행할 수 있다. 물론 아직까지 맞춤법보다는 정확하게 읽기가 더 중요한 발달 단계이므로 읽기를 완전히 습득하지 못했다면 쓰기 지도는 조금 뒤로 미루어도 좋다.

④ 읽기를 학습할 수 있는 아동의 경우에는 글줄로 이루어진 짧은 책

유치원 같은 반 친구 중에는 이미 글자에 관심을 보이면서 제법 읽어 내는 친구들이 하나둘씩 생기기 시작한다. 일부러 글자 책을 보여 줄 필요는 없지만 아이가 관심을 보인다면 지체할 이유가 없다. 아이에게 글자나 숫자를 소개하는 다양한 책들을 읽어 줄 수 있다. 한글의 창제 원리를 사람의 구강 구조와 연결해 이해하기 쉽게 설명해 놓은 동화책도 있고, 0부터 9까지 단 10개의 숫자가 무한대의 수를 이룰 수 있다는 사실을 재치 있게 그려 놓은 책도 있다. 한글을 깨치고 긴 글을 읽어야 하는 단계는 아니지만 아이가 글자에 관심이 있다면 미리 가르쳐도 좋다. 혹은 엄마는 한글이나 숫자를 가르치고 싶은데 아이가 영 관심이 없다면 이러한 내용을 다룬 동화책이나 그림책을 가지고 아이들의 흥미를 유발해 보는 것도 좋을 것이다.

초등학교 입학을 준비하는 7세를 위한 책

이제 내 아이는 유치부에 들어갔다. 내년이면 학교에 들어가야 한다. 부모는 조바심이 난다. 사교육을 시켜야 하는 것은 아닌지, 내 아이만 뒤처지고 있는 것은 아닌지. 앞집 아이는 벌써 두 자릿수 덧셈을 한다는데, 내 아이는 아직 50까지의 수도 정확하게 쓰지 못한다. 옆집 아이는 어느새 한글도 다 떼서 스스로 독서광이 되었다는데, 우리 아이는 여전히 자기 이름 석 자 쓰기 바쁘다. 어떻게 해야 할까?

① 교육 놀이 책

사교육 시장에 발을 내딛지 못했다고 불안해할 필요는 없다. 아직 7세 아이는 학령기가 아니다. 지금부터 벌써 사교육을 시작하면 정말 책 읽을 시간은 한없이 부족해질 것이다. 그렇다면 학습과 독서라는 두 마리 토끼를 모두 잡을 혜안이 없을까? 바로 교육 놀이 책이다.

교육 놀이 책은 다양한 학습 내용을 재미있는 동화책 형식, 즉 스토리텔링 형식으로 만들어 놓은 책이다. 가장 흔한 형태는 수학 과목이다. 어렵고 추상적인 수학적 개념을 흥미로운 이야기를 통해 쉽고 재미있게 이해할 수 있도록 만들어 놓았다. 많은 출판사에서 만들고 있기 때문에 어떻게 살지를 고민할 필요가 없을 만큼 서점에서 쉽게 구할 수 있다. 수학 동화, 과학 동화 등 다양한 주제로 쉽게 검색된다. 심지어 '연산, 도형, 측정, 규칙, 확률과 통계'라는 교과 과정의 5대 영역에 맞게끔 분류되어 나온 책도 있으니 더할 나위 없이 좋다.

수학 과목 외에도 다양한 과목을 다룬 교육 놀이 책이 출판되어 있는데, 사회 관련 도서로서 직업의 다양성을 소개하는 책이나 각 나라의 국기와 함께 전 세계 국가 특징을 설명하는 책, 마트를 이용하는 경험을 소개하며 경제의 개념을 배울 수 있는 책도 있다.

하지만 최근 우리나라는 각 과목을 독립적으로 접근하는 대신 STEAM(스팀)이라는 융합 인재 교육을 추구하고 있다. 이는 Science(과학), Technology(기술), Engineering(공학), Arts(예술), Mathematics(수학)을 통합하는 개념으로, 다양한 영역에 대해 융합적인 능력을 키우겠다는 것이다. 나도 첫째 아이를 처음 영어 학원에 보내려고 학원 설명회를 다닐 때마다 숱하게 들었던 단어다. 영어 학원에서 STEAM 교육을 어떻게 실시하겠다는 것인지 잘 이해가 되지 않았고, 학원에 다니고 나서도 실제로 STEAM 교육이 이루어졌다고 확인할 방법은 없었지만, 어쨌든 귀에 딱지가 앉을 만큼 들었다. 그렇기 때문에 단순히 수학 동화를 읽혔다고 해서 그것으로 끝나는 것이 아니라, 해당 동화에서 사용되었던 소재와 연결된 자연 관찰 책을 읽게 한다거나, 같은 주제를 가진 다른 책과 비교해서 읽으면서 새롭고 더 넓은 사고를 해 볼 수 있도록 돕는 과정이 필요할 것이다.

② 명작, 전래 동화

학습과 관련된 책만큼이나 중요한 것은 명작이나 전래 동화를 읽히는 것이다. 이 시기에 아이가 스스로 글을 읽게 되더라도 부모님이 읽어 주거나 혹은 함께 읽으면서 명작이나 전래 동화를 경험하면 좋다. 대부분의 명작이나 전래 동화는 권선징악, 결초보은, 고진감래 등의 교훈이 있고, 이러한 주제를 다루기 위해서는 사건과 그에 대한 결과가 매우 명확하게 드러난다. 따라서 아이들이 책을 읽으면서 이해하기 쉽고, 공감하기가 용이하다. 또한 명작이나 전래 동화는 다양한 곳에서 자주 등장하기 때문에 미리 읽어 두면 다른 문학 작품, 심지어 드라마나 영화를 볼 때도 반갑게 마주칠 수 있다. 다만 명작이나 전래 동화를 읽다 보면 지금은 잘 쓰지 않는 낱말들이 등장해서 책을 읽어 주는 엄마를 당황스럽게 만들기도 한다. 예를 들어 '가마를 타고 간다'거나 '부뚜막에 올라간다'거나 '아궁이에 불을 지핀다'는 등의 표현이다. 하지만 이런 부분을 일일이 설명해 주거나 다른 낱말로 바꾸어 주기보다는 아이가 맥락 안에서 자연스럽게 이해할 수 있도록 하는 것이 더 좋다. 그림을 보면서 아이가 유추할 기회를 주어도 좋고, 아이가 질문을 한다면 말로 쉽게 설명해 주어도 좋다.

③ 학교 준비 책

아이를 학교에 입학시킬 생각을 하면 엄마는 불안하다. 반면 아이들은 신난다. 가방을 메고 형, 누나 혹은 언니, 오빠처럼 학교에 갈 생각에 마음이 부푼다. 그러면서도 한편으로는 두려운 마음도 앞선다. 학교가 궁금하고 빨리 입학을 하고 싶다가도 '학교에 가면 어려운 공부를 많이 해야 할까?' '선생님이 무서울까?' 하는 생각에 순간순간 불안한 마음이 올라온다. 이럴 때는 아이와 함께 초등학교 1학년 교실을 미리 엿볼 수 있는 책을 읽어 보면 좋다. 입학식 때 경험할 수 있는 다양한 에피소드나 초등학교에 처음 입학해서 맞닥뜨리게 될 다양한 상황에 대해 이해하기 쉽게 설명해 놓은 그림책이나 동화책이 많다. 어쩌면 학교 준비를 위한 책은 아이들에게 '상상나라 책'일 수도 있고, 어떤 아이들에게는 '사회 인지 책'이거나 '사회성 책'일수도 있다. 그리고 아이들마다 초등학교 입학 후의 생활 중 가장 궁금한 영역이 다를 수 있다. 그러므로 아이들과 자연스러운 대화를 통해 초등학교 입학과 관련해서 어떤 것이 가장 궁금하고 두려운지 이야기를 나누고, 그에 맞는 주제를 다룬 책을 읽게 하는 것이 좋겠다. 아이는 책을 읽으면서 아직 경험하지 못한 초등학교 생활을 미리 예측해 볼 수 있고, 덩달아 기대감도 갖게 될 것이다.

읽기가 완성에 이르는 초등 저학년을 위한 책

초등학교 저학년 시기는 읽기 학습이 완성 단계에 이르고, 초등학교 3~4학년이 되어 읽기를 통한 학습을 할 준비를 마무리하는 때다. 읽기 학습의 정도에 따라 아동 개개인의 읽기 숙련도가 차이를 보이지만, 유치원 때보다는 대부분의 아이들이 비슷한 범위 내에서 유사한 수준의 발달을 보이는 것이 일반적이다. 읽기 정확성과 유창성이 증진되고, 맞춤법 오류도 서서히 줄어들게 된다. 초등학교 입학 후 2학년을 지내는 동안 학년 수준의 글을 읽을 때 오류가 많다면 전문가의 상담을 받아 보는 것이 필요하다.

① 어휘 책

초등학교 저학년 때까지는 듣기와 말하기를 통해 어휘력을 습득한다. 이때 단순히 개별 어휘의 개념만을 습득하기보다는 어휘들의 관계어도 익히기 시작한다. 예를 들면 상위어나 하위어, 반대어, 유의어 등이 그것이다. 초등학교 3~4학년이 되면 보다 어려운 교과 어휘를 습득해야 하기 때문에 이전에 일상생활에서 접할 수 있는 어휘들의 개념과 함께 개념어를 학습해 놓으면 도움이 된다.

② 사전

초등학교에 들어가면 새로운 환경에서 기존에는 들어 본 적이 없는 어휘에 노출되기 시작한다. 하물며 초등학교 3학년 국어 교과서에서는 사전 찾는 법을 배움으로써 스스로 모르는 단어를 찾아 학습하는 방법을 익히게 된다. 이제는 웹사이트를 통해서 손쉽게 단어의 뜻을 알 수 있지만, 그럼에도 불구하고 종이 사전을 이용하는 법을 배우는 것은 종이 사전만이 가지고 있는 여러 장점 때문이다. 종이 사전을 보게 되면 비슷한 글자 형태를 가진, 뜻이 다른 다양한 단어를 한 번에 볼 수 있다. 또한 관계어나 예문 등을 함께 제시하고 있기 때문에 국어 공부에 큰 도움이 된다. 초등학교 수준에 맞는 사전을 고르는 것이 중요한데, 성인용으로 구입하면 그 낱말을 설명해 놓은 정의 역시 어려운 경우가 있기 때문이다.

③ 속담, 사자성어 책

속담과 사자성어는 어휘나 문장의 숨은 뜻을 알아야 하는 어려운 영역이다. 그럼에도 불구하고 일상생활이나 문학 작품에 자주 등장하기 때문에 초등 고학년이나 중학생 이상이 되면 속담이나 사자성어에 대한 지식의 양이 중요하게 여겨진다. 초등 저학년 때는 어린이를 위한 쉬운 속담 배우기나 사자성어 익히기 책을 보는 것이 좋다. 아이들이 이해하기 쉽게 이야기 형식이나 만화 형식으로 제공되는 것도 많으니 아이에게 직접 골라 보도록 하면 도움이 된다.

4장

문해력을 키우는 읽기는 따로 있다

아이의 문해력을 좌우하는 언어 능력

읽기가 중요하다는 것은 이제 충분히 알겠다. 그렇다면 읽기를 잘하기 위해서는 어떤 능력을 갖춰야 하는 것일까? '읽기'에 대해 잘 이해하기 위해서는 다소 지루한 읽기 이론과 관련된 이야기를 해야 한다.

이론적으로 읽기는 '글자를 읽어 내는 것'과 '읽은 내용을 이해하는 것'으로 구분된다. 첫 번째는 글자에 소리를 연결하는 과정인 해독decoding이다. 해독이란 글자를 읽어 내는 기술이다. 읽은 글자가 어떤 뜻인지는 알지 못해도 된다. 그저 인쇄되어 있는 글자를 소리 내어 읽을 수 있는지가 중요하다. 우리는 영어 단어를 읽을 때 무슨 뜻인지 몰라도 소리 내어 읽을 수 있다. 이는 우리가 영어 해독 능력을 갖추고 있다는 것을 의미한다.

두 번째는 읽은 내용이 무엇을 뜻하는 것인지 이해하는 것이다. 흔히 읽기 이해력 혹은 독해력reading comprehension이라고 말한다.

정리하자면 일단 읽기 이해를 하기 위해서는 해독이 가능해야 한다. 하지만 해독이 가능한 모든 사람이 읽기 이해를 잘할 수 있는 것은 아니다. 그 이유는 단순 읽기 이론Simple View of Reading, SVR*을 살펴보면 쉽게 알 수 있다.

단순 읽기 이론SVR

해독	×	**언어 능력**	=	**읽기 이해력(독해력)**
읽어 내는 기술		말하기와 듣기 능력		글을 읽고 이해하는 능력

단순 읽기 이론에 따르면, 읽기 이해를 잘하기 위해서는 해독 기술과 '언어 능력'을 가지고 있어야 한다. 여기서 말하는 언어 능력은 읽기 이해력이 아니라 듣고 말하는 데 필요한 언어 능력이다. 단순히 글자를 소리 내어 잘 읽는다고 해서 읽기 이해를 잘하게 되는 것이 아니라, 글을 소리 내어 읽을 수 있더라도 읽은 내용을 잘 이해하려면 언어 능력이 뒷받침해 주어야 한다는 뜻이다. 이 글을 읽고 있는 독자라면 소리 내어 글자를 읽어 내는 것에는 어려움이 없을 것이라 생각한다. 그렇다고 해서 우리 모두가 대학수학능력평가 언어 영역에서 높은 점수를 받은 것은 아닐 것이다. 이는 소리 내어 잘 읽더라도 언어 능력에 따

* Gough & Tunmer (1986), The Simple View of Reading.

라 읽기 이해력이 달라질 수 있음을 반증하는 우리들의 경험이다.

단순 읽기 이론에서 말하는 것과 같이, 소리 내어 글을 잘 읽는다고 해서 잘 이해했음을 뜻하는 것이 아니다. 그럼에도 불구하고 글자를 읽어 내는 기술이 읽기에서 가장 기본적인 능력이 되는 이유는 읽어 내는 것과 언어 능력이 곱셈으로 작용해 읽기 이해력을 만들기 때문이다. 다시 말해 읽어 내는 기술이 0이라면 언어 능력이 아무리 좋아도 읽은 내용을 이해할 수 없게 된다. 우리는 이러한 사람들을 흔히 난독증이라 부른다. 또한 해독과 언어 능력 둘 중에 하나가 0이 아니라 부족하기만 해도 읽기 이해력에 제한이 크게 나타날 수 있다. 예를 들어 해독 능력은 충분하나 언어 능력에 어려움을 가지고 있어도 읽기 이해력이 떨어진다. 의사소통장애 아동들이 학령기가 되고 나서 국어를 어려워하고, 읽은 내용을 잘 이해하지 못하는 것은 이러한 이유 때문이다. 그래서 해독 능력이 100%고, 언어 능력이 50% 정도 도달한 경우에는 읽기 이해력도 50% 정도만 수행이 가능하다고 생각해야 한다. 그런데 만약에 해독 능력도 50% 정도고, 언어 능력도 50% 정도면 어떻게 될까? 그렇게 되면 읽기 이해력이 50%는 될까? 그렇지 않다. 읽기 이해에 필요한 두 가지 기능 중 어느 하나도 완전하지 못한 경우에는 읽기 이해력이 더 낮아질 수 있다.

우리는 글자를 읽어 내는 해독 능력과 언어 능력을 통해 읽기를 잘할 수 있게 된다. 읽기를 잘한다는 것은 읽기를 통해 궁극적으로 얻고자 하는 것을 얻을 수 있게 된다는 것을 뜻한다. 다시 말해 읽은 내용을 잘 이해하고, 이해한 내용으로 새로운 지식을 습득하거나 교훈을 얻거나 감동을 느끼게 된다는 것이다. 그렇기 때문에 글을 잘 읽는 아이로 만들고 싶다면 우선 듣기와 말하기를 통한 언어 발달을 촉진해 주어야 하고, 이후 글을 잘 읽어 낼 수 있도록 지도해야 한다. 읽기와 언어 발달이 결코 분리될 수 없음을 반드시 기억하자.

함께할수록
독서가 즐거워진다

언어 발달과 인지 발달 그리고 읽기 능력 증진에 있어서 '어떻게?'라는 질문이 얼마나 중요한 것인지는 우리 모두 잘 알고 있다. 하지만 이것들을 실천에 옮기는 것이 쉽지 않다. 읽기 발달 전문가인 나 역시도 두 아이의 읽기 능력을 증진시키기 위해서 '어떻게 읽을 것인가?'를 고민하고, 실천해야 하는데 쉽지 않았다. 그래서 두 아이에게 책 읽기의 즐거움을 충분히 전달해 주지 못한 것 같다. 첫째 아이가 학령기가 되었을 때 나는 연구소를 오픈하고 한창 바쁜 시기였고, 둘째 아이가 학령기가 되었을 때는 코로나로 비대면 강의가 물밀듯이 들어와 너무나 바빴다. 그래서 아이들과 함께 책을 읽어 줄 만한 충분한 시간이 없었다.

그렇다. 이런 것들은 그저 핑계다. 아이들에게 책을 읽어 주거나 아이들과 함께 책을 읽는 것은 그리 많은 시간이 필요하지 않다. 퇴근 후 대략 30분에서 1시간 정도면 충분하다. 이 시간 동안 아이들과 함께 책 읽기를 하지 않는다면 나는 무엇을 하고 있었던 것일까? 아마도 핸드폰으로 웹서핑을 하거나 유튜브를 시청하고 있었을 것이다.

아이가 초등학교에 들어가면 부모들은 어느새 아이가 학령기가 되었다는 기쁨에, 혹은 내 아이도 이제 더 이상 영유아가 아니라는 뿌듯함에, 드디어 어린이가 되었다는 확신에 더 이상 책 읽어 주기를 하지 않아도 될 것이라 생각하게 된다. 심지어 책을 읽어 주는 것이 '내 아이의 읽기 능력을 무시하는 것은 아닌가?' 하는 생각도 하게 된다. 하지만 진짜 속마음을 들여다 보면 아이가 책을 읽는 동안 나만의 시간을 가질 수 있다는 기대감을 품고 있는지도 모른다.

'언제까지 함께 책을 읽어 주어야 하는 것일까요?'

현장에서 만나는 부모들이 가장 많이 묻는 질문 중에 하나다. 우리 아이의 읽기 능력이 드디어 '스스로, 독립적으로, 혼자서' 책 읽기가 가능해진 것 같다는 생각이 들면 고민이 시작된다. 초등학생이 된 아이에게 책을 읽어 주는 것이 맞는지? 도대체 언제까지 부모와 함께 책을 읽어야 하는 것인지?

결론부터 말하자면 책 읽어 주기는 언제라도 가능하며 '언제까지' 읽어 줘야 한다는 지침은 없다. 책을 읽어 준다는 것, 혹은 아이와 함께 읽는다는 것은 매우 중요하다. 하지만 여기서 말하는 함께 책을 읽는다는 것이 반드시 책 한 권을 함께 공유해서 읽어야 함을 의미하는 것은 아니다. 책상 위에, 아니면 바닥에 자기가 읽고 싶은 책을 쌓아 놓고 그중 한 권을 자유롭게 선택하여 편하게 앉아, 그저 같은 공간에서 같은 시간 동안 각자 책을 읽어도 좋다. 그것만으로도 아이들에게는 굉장히 의미 있는 시간이 될 수 있다.

첫째 아이가 5세였던 해는 내가 박사 학위 논문 프로포절을 준비하던 굉장히 바쁜 시기였다. 박사 과정에서 프로포절을 한다는 것은 어떤 주제를 가지고 학위 논문을 쓸지 소개하는 수준이 아니다. 내가 세운 가설이 얼마나 탄탄한 이론적 근거를 기반으로 만들어 낸 것인지를 설명할 수 있어야 하고, 그 가설을 증명하기 위한 실험 설계가 얼마나 견고한 것이지를 확인하기 위해 미니 실험까지 해서 그 결과를 심사위원들 앞에서 보고해야 했다. 나는 '박사'라는 사회적 직함을 위해 힘들고 복잡한 일들을 해내느라 '엄마'라는 역할을 일정 부분 포기할 수밖에 없었다.

첫째 아이는 '엄마에 대한 집착'이 심한 아이였다. 한창 엄마의 관심과 사랑을 받아야 하는 시기(나는 첫째 아이 돌경에 박사 과정에 진학해서 아이가 7세가 되던 해에 졸업했다)에 엄마가 공부한답시고 아이를 내팽개쳐 두었으니 더욱 그럴 만도 했다. 그래도 엄마로서 반드시 해야 할 것들에 대해서는 나름대로 최선을 다해 노력했다. 그럼에도 불구하고 아이가 원하는 만큼은 아니었던 것인지, 아이는 점점 짜증도 늘고, 더더욱 나에게 집착했다.

하지만 나는 학교 수업과 병원 근무, 그리고 과제와 논문 등으로 눈코 뜰 새 없이 바빴고, 아이의 집착이 점점 귀찮아지기 시작했다. 남편은 아이가 엄마만 찾는다는 핑계 아닌 핑계를 대며 육아를 회피했고, 그럴수록 나 역시 아이에게, 남편에게 화를 내는 횟수가 점차 늘어 갔다.

방법을 찾아야만 했다. 내가 해야 할 일을 하면서 자연스럽게 아이와 함께할 수 있는 방법이 무엇일까. 그러던 중에 나는 아이와 함께 바닥에 앉아 책을 읽기 시작했다. 처음에는 아이의 책을 가지고 와서 함께 읽고 이야기 나누는 활동을 했는데, 시간이 지나면서 아이는 스스로 책을 골라와 혼자서 읽는 시늉을 하고, 내가 책을 읽어 주고 나면 스케치북에 그림을 그리고 무언가를 끄적거리기도 했다. 어린이집에서는 곧 죽어도 하기 싫다고 버티던 책 만들기 활동을 집에서는 자발적으로 했다. 그때부터 나는 아이와 함께 책 한 권을 읽고 난 후 나만의 시간을 확보할 수 있었다. 점점 크면서 아이는 내 옆에서 혼자 그림책을 보거나 그림을 그렸고, 나는 그만큼의 시간을 벌 수 있었다.

이러한 시간 동안 나타난 또 하나의 변화는, 나에게 향했던 아이의 집착이 다소 누그러지기 시작했다는 점이었다. 엄마와 보내는 시간이 절대적으로 부족했던 첫째 아이는 엄마와 함께하는 시간을 충분히 얻게 되면서 공허함을 없앨 수 있었다. 이후 아이는 내가 굳이 많은 시간 동안 함께 적극적으로 놀아 주지 않아도 엄마와 바닥을 뒹굴거나 혹은 책상에 나란히 앉아 책을 읽는 그 시간을 충분히 즐겼고, 그것만으로도 엄마를 독차지하고 있다는 생각을 가지게 되면서 정서적 안정감과 유대감을 느낄 수 있었다.

책을 함께 읽는다는 것이 반드시 부모가 읽어 주거나, 아이와 부모가 한 줄씩 번갈아 가면서 읽는 행위를 말하는 것이 아니다. 아이가 책을 읽는 동안 같은 시간, 같은 공간에서 함께 있는 것만으로도 함께 책 읽기가 될 수 있다. 여기서 기억해야 할 것은 아이가 느끼기에 부모가 나와 함께하고 있다고 느껴야 한다는 점이다. 아이는 옆에서 책을 읽고 있는데, 부모가 친구랑 통화를 하거나 유튜브를 시청하고 있다면 아이는 함께 책을 읽는다는 것을 전혀 느끼지 못할 것이다. 그러니 부모도 함께 책을 펼쳐라. 하다못해 다이어리를 정리하더라도, 이 시간만큼은 잠깐이라도 TV를 끄고, 핸드폰을 내려놓기를 바란다.

읽기에서 읽기로 꼬리를 무는 독후 활동

읽기 교육 방법 중에는 '읽기 전 활동' '읽기 중 활동' '읽기 후 활동'이라는 개념이 있다. 이 중에서 많은 연구자나 전문가들은 '읽기 후 활동'에 집중한다. 책을 읽고 나서 책의 내용을 잘 이해하고 있는지 확인하고, 배운 내용을 일반화하기 위한 활동을 다루는 것이다. 읽기 후 활동을 하는 방법은 다양한데, 내용 파악을 잘했는지 질의응답을 통해 아이의 이해도를 확인하는 것에서부터 책에서 나타난 주제에 대한 자신의 생각을 말이나 글로 표현하도록 하는 것 등이다.

하지만 일부 연구자들은 '다독'의 길로 아이들을 인도하기 위해서는 읽기 후 활동을 없애라고 말한다. 그 이유가 무엇일까? 읽기 후 활동의 방법이 다양함에도 불구하고 대게 손쉽게 할 수 있는 방법만을 선택하다 보니, 아무래도 아이들이 글을 잘 읽었는지 그렇지 않은지를 확인하는 과제가 주요 활동이 되고, 아이들에게 질문하는 형태로 이루어지는 경우가 많기 때문이다.

연구자들의 이러한 주장 때문이 아니더라도 나는 독후 활동을 그리 좋아하지 않았다. 나 역시도 독서를 그리 즐기지 않는 사람인지라, 아이들이 독서를 그저 즐겁게 했으면 좋겠다는 생각을 했다. 물론 독후 활동을 하지 않으면 아이들이 책을 제대로 읽지 않을 수도 있다. 책을 대충 읽으면서 다독인 척하는 것도 좋지 않은 습관이기 때문에, 독후 활동은 필요악이기도 하다. 하지만 독후 활동이라는 존재 자체가 책 읽기를 시작하기 전부터 책 읽기를 꺼리게 만드는 이유가 되는 것은 문제다. 그래서 독후 활동을 독후 활동이 아닌 듯 슬그머니 진행하는 것이 필요하다. 어떻게 하면 즐겁게 독후 활동을 할 것인가를 고민해야 한다. '독후 활동인 듯, 독후 활동이 아닌, 독후 활동 같은 너'를 만들어야 하는 것이다.

일반적인 논술 학원에서 하는 독후 활동은 책의 내용과 관련된 질문에 대한 답을 적어 보는 워크북 활동이거나, 책의 내용과 관련된 글쓰기 과제를 하는 것이다. 이런 식의 독후 활동은 고학년 아이들에게 반드시 필요하다. 하지만 이제 막 책 읽기를 시작하고 한창 재미를 붙여야 하는 아이들에게조차 지루한 독후 활동을 요구한다면 아이들은 아마도 책을 읽기 전부터 책 읽기가 싫어질 게 뻔하다.

내가 TESOL(테솔) 과정을 들을 때의 일이다. TESOL이란, Teaching

English to Speakers of Other Languages의 약자로, 영어가 모국어가 아닌 사람들에게 영어를 가르칠 수 있는 자격을 의미한다. 나는 서울교육대학교에서 어린아이들을 대상으로 영어를 지도할 수 있는 YL TESOL(YL은 Young Learners의 줄임말) 과정을 수료했다. 이 과정에서 다양한 영어 교육 방법을 배웠는데, 그중에서 나에게 가장 기억에 남는 것은 바로 독후 활동과 관련된 것들이었다. TESOL 과정에서 배운 독후 활동은 대개 시각과 청각을 통해 경험했던 읽기 활동에서 벗어나 그 외의 감각을 최대한 활용해 새로운 것을 느끼고 경험하게 하는 방법이었다. 흔히 읽은 내용을 정확하게 이해하기 위해서는 책 내용에 대해 묻고 답하게 하는 것이 가장 확실할 것이라 생각하기 쉬운데, 잘 만들어진 활동은 반드시 문제를 푸는 것이 아니더라도 책 내용에 대해 충분히 생각하고 자신의 느낌을 적절하게 표현하도록 도울 수 있었다.

독후 활동을 준비할 때 가장 중요하게 고려해야 하는 것은 아동의 연령과 읽기 경험의 정도다. 연령이 어리거나 읽기 경험이 부족한 아동에게 단순히 책 내용에 대한 이해도를 확인하기 위한 독후 활동을 요구한다면, 아이들은 절대로 독서를 좋아할 수 없을 것이다. 책 읽기만 꺼리게 된다면 다행이다. 괜한 독후 활동 도전으로 부모와의 관계까지 어색해질 가능성도 매우 농후하다. 그러니 독후 활동을 구상할 때는 아동의 연령과 읽기 경험을 모두 고려해 진행하길 바란다.

한 가지 추천을 하자면, 처음에는 아이가 좋아하는 책을 골라 독후 활동의 경험을 시작하는 것이 좋다. 둘째 아이는 공주 책을 참 좋아했다. 첫째 아이 때는 경험해 보지 못한 부분이기도 해서 나도 굉장히 신기했다. 나는《신데렐라》를 읽고 나서 독후 활동을 하기 위해 아이와 신데렐라 이야기를 자연스럽게 나누기 시작했다. 그리고 아이에게 물었다.

"정서가 요정 할머니였다면 신데렐라에게 어떤 드레스를 만들어 줬을 것 같아?"

아니나 다를까. 아이는 두 눈을 반짝이며 자신이 만들어 주고 싶은 드레스를 설명하느라 정신이 없었다. 급기야 스케치북을 들고 와서 스케치까지 하는 것이 아닌가. 이때다 싶어 나는 미리 사 놓았던 공주 옷 만들기 키트를 꺼냈다. 이 키트로 아이는 신데렐라의 드레스를 원하는 대로 만들 수 있었다. 둘째 아이는 금세 요정 할머니로 빙의해 드레스에 색칠을 하고, 보석을 붙이고, 리본도 달면서 신데렐라의 드레스를 완성했다. 아이의 상상 속에서 신데렐라는 이미 드레스를 입고 무도회장에 가 있었다. 아이는 책에 나오지 않았던 무도회장의 이야기를 꾸며 보기 시작했다. 이야기는 동화책 속의 그것만큼이나 풍부하고 재미있었다. 꽤나 성공적인 독후 활동이었다. 여기서 우리가 기억해야 할 것은 내가 미리 준비해 놓은 공주 옷 만들기 키트와 아이가 원하는 취향이 딱 맞아떨어졌기에 훌륭한 독후 활동이 될 수 있었다는 것이다. 나도 읽기를 지도하는 전문가지만 항상 내가 준비한 독후 활동이 성공적인 것은 아니다.

책 읽기를 그리 즐기지 않았던 첫째 아이에게는 독후 활동을 시도

하는 것조차 쉽지 않았다. 책을 스스로 골라 읽지도 않았고, 내가 읽어 준다고 해도 즐기지 않았기 때문이다. 그래서 읽기 후 활동까지는 언감생심, 바라지도 않았다.

그러던 어느 날, 아주 좋은 기회가 찾아왔다. 앞서 언급했던 것처럼 첫째 아이는 듣고 말하기를 통한 언어 발달에 굉장히 능한 아이였고, 만화 시청을 통해 언어 발달을 했던 것처럼 영화 보는 것을 굉장히 좋아했다. 그래서 방학이 되면 적어도 일주일에 한 번꼴로 극장에 가서 영화를 봤다. 아이가 초등학교 4학년 때, 우리는 인종 차별을 다룬 〈그린북〉이라는 영화를 보러 갔다. 인종 차별이 사회 곳곳에 존재하던 1960년 미국에서, 천재 피아니스트지만 흑인이라는 이유로 차별받았던 한 남자와 그를 도와주는 백인 남성의 우정과 인간애를 보여 주는 아주 훈훈한 영화였다. 영화를 보고 아이와 나오는데, 아이가 인종 차별에 대해 궁금한지 이것저것 물었다. 나는 아이와 근처 식당에서 밥을 먹으며 인종 차별과 관련된 이야기를 하다가 제1차 세계 대전을 거쳐 제2차 세계 대전까지 이야기가 진행되었다. 그리고 잊고 있었던 사실이 떠올랐다. 첫째 아이가 제2차 세계 대전이라는 세계사적 사실에 큰 관심을 가지고 있었다는 것을. 논문 발표를 위해 미국 시카고에서 열리는 학회에 참석했는데, 그때 6세였던 첫째 아이도 함께 갔었다. 어느 박물관에서인가 안네 프랑크와 관련된 영상을 시청하게 되었는데, 들어 본 적도 사용해 본 적도 없는 영어였지만 애니메이션을 보는 것만으로도 아이는 적지 않은 충격을 받은 것 같았다. 호텔로 돌아와서 안네 프랑크와 관련된 영상을 찾아보고, 이후 몇 년 동안 그 이야기를 했다. 당시는 아이가 책 읽는 것을 그리 즐기던 때도 아니었고, 안네 프랑크와 관련된 책은 내용이 쉽지 않을 것 같아 독서를 권유하지 않았다.

하지만 이제는 상황이 달라졌다. 아이는 스스로 책을 읽을 수 있는 나이였다. 좋아하는 책을 찾지 못했을 뿐, 물꼬를 터준다면 첫째 아이도 책 읽기를 즐길 수 있게 될 것이라는 생각을 갖고 있던 터였다. 나는 고민 없이 서점으로 갔고, 아이와 함께 안네 프랑크와 관련된 책을 골라 집으로 돌아왔다. 아이는 책을 모두 읽고 또 다시 안네의 삶에 빠져드는 듯했다. 이후 아이는 자연스럽게 안네처럼 자신의 일상에 대한 일기 쓰기를 시작했다. 짧은 시간 내에 이루어지는 독후 활동은 아니었지만, 책 읽기를 좋아하지 않는 아이가 영화 감상이라는 경험을 통해 자발적으로 책을 읽게 되었고, 일기 쓰기라는 독후 활동을 하게 되었다는 것은 매우 고무적인 일이었다. 이후 첫째 아이는《핵 폭발 뒤 최후의 아이들》(구드룬 파우제방 지음, 함미라 옮김, 보물창고, 2016)이라는 책을 읽으면서 만약 제3차 세계 대전이 일어나게 되면 어떻게 될까에 대해서도 생각해 보는 시간을 가졌다.

인종 차별 이야기가 제1차 세계 대전과 연결되고, 제2차 세계 대전의 유대인 학살 피해 이야기로 이어져, 연이어 제3차 세계 대전을 주제로 한 책까지 읽고 수없이 많은 이야기를 나누면서 아이는 스스로의 생각과 가치관을 만들어 갔다.

읽기 후 활동을 너무 어렵게 생각할 필요는 없다. 읽기 후 활동을 통한 경험이 어떤 아이에게는 스스로 책 읽기를 하고 싶게 만드는 중요한 계기가 될 수도 있다. 혹은 읽기 후 활동을 통해 관련된 주제를 더 깊이 있게 알아보고자 하는 욕구를 갖게 될 수도 있다. 읽기 후 활동이 읽기 전 활동과 연결되어 책 읽기 활동에 부스터를 달아 줄 수도 있다.

만들기를 하거나 하브루타* 식 질의응답이 아니어도 좋다. 전문가가 아니어도 좋다. 관련된 영화를 보거나 관련된 유튜브 영상을 찾아보는 것만으로도 충분히 훌륭한 독후 활동이 될 수 있음을 기억하자.

* havruta: 유대인의 전통적 교육 방식으로 나이, 계급, 성별에 관계없이 두 명이 짝을 지어 서로 논쟁을 통해 진리를 찾는 것을 의미한다.

책을 읽었다면 '말하고' 쓰기

읽기와 쓰기 중 무엇을 먼저 배워야 할까?

읽기와 쓰기 중 무엇이 먼저 발달하게 될까?

아마도 많은 사람이 이 질문에 쉽게 답할 수 있을 것이다. '당연히 읽기가 먼저 선행되어야 쓰기가 가능하다'라고.

그렇다. 읽기와 쓰기 중에서는 당연히 읽기가 먼저 발달된다. 하지만 읽기 기술이 완전히 습득되고 나서부터 새롭게 쓰기 기술이 습득되는 것이 아니라, 읽기 기술이라는 계단을 먼저 오르고 그 기술이 다져지는 동안 쓰기 기술이 무섭게 따라오는 형태로 발달이 이루어진다. 그런 후에 다시 읽기 기술이 한 계단 더 오르게 되고, 그 기간 동안에는 쓰기 기술을 다지게 된다.

결국 읽기와 쓰기 기술은 상호 보완적으로 향상한다. 자신의 생각을 글로 작성할 수 있는 수준이 된다는 것은 읽은 내용을 자신의 경험이나 가치관과 비교하며 비판적으로 생각할 수 있게 되었다는 것을 뜻한다. 그리고 비판적으로 생각할 수 있어야 비판적으로 작문할 수 있게 된다.

첫째 아이가 초등학교 1학년이 끝나 갈 무렵 동네 친구들은 이미 논술 학원을 다닌 지 1년이 넘어가고 있었다. 동네 친구 부모의 성화와 나의 불안감에 나는 또 홀린 듯 논술 학원을 탐방했다. 하지만 결국 아이를 논술 학원에 보내지 않았다. 그 이유가 무엇이었을까? 논술 학원이 나빠서였을까? 그렇지 않다. 논술 학원은 학년별로 읽어 보면 좋을 양질의 책들을 선택해서 아이들에게 읽을 기회를 제공했고, 아이들은 그런 책들을 일주일에 한두 권씩 지속적으로 읽을 수 있으니 1년 후에 논술 학원을 다닌 아이들과 그렇지 않은 아이들의 독서량은 큰 차이가 날 것이다. 그럼에도 불구하고 나는 아이를 학원에 보내지 않기로 결정했다. 그 이유는 바로 글쓰기 과제 때문이었다. 읽기와 쓰기 능력이 고르게 잘 발달하기 위해서는 '생각하기'와 '언어적으로 표현하기'가 반드시 포함되어 있어야 한다. 자신이 읽고 느낀 것들을 생각하고, 생각한 것을 말로 표현하지 못한다면 절대로 글로 쓸 수 없다. 말하기가 우선적으로 연습되어야 자신의 생각에 쓰기 능력을 더할 수 있다.

초등학교 1~2학년의 아이들은 자신의 생각을 타인에게 적절하게 전달할 수 있다. 구체적인 주제를 가지고 타인과 대화를 할 수 있다. 또한 다른 사람의 의도를 파악할 수 있고, 그 안에 숨은 의미를 깨달을 수 있다. 초등학교 2~3학년이 되면 타인과 대화를 하다가 대화가 중단되는 것이 무엇 때문인지, 그 이유를 찾을 수 있다. 그렇기 때문에 대화를 멈추게 하는 요소들을 파악해 미리 조절한다. 타인과의 대화가 더 잘 유지될 수 있도록 화제를 매끄럽게 전환하거나 타인의 이해도에 맞춰 자신의 생각을 더 쉽고 정확하게 고쳐 말할 수 있다. 자신의 의견이나 생각을 보다 효과적이고 정확하게 전달하기 위해서는 간결하고 명료한 표현을 사용하거나 자신의 생각을 구조화하는 능력이 필요한데, 이러한 기능은 초등학교를 거쳐 청소년기까지 지속적으로 발달하게 된다.

이러한 발달 단계를 보면, 초등학교 1~3학년 때는 타인과 하나의 주제를 가지고 대화를 유지할 수 있을지언정 자신의 의견을 효과적으로 전달하기 위해 사고를 구조화하는 능력은 제한적일 수 있다는 것이다. 그런데 이런 아이들에게 책을 읽은 후, 800자 이상의 원고지에 자신의 생각을 작성해 보도록 하는 과제는 그저 부모들에게 '보여 주기' 식의 교육이 아닐까 하는 생각이 들었다. 그래서 나는 논술 학원 대신 아이가 좋아할 만한 만화 영화를 보거나 학년 수준에 맞는 동화책 또는 소설책을 읽으면서 아이와 이야기 나누는 시간을 더 많이 가지려고 애썼다.

내가 운영하는 언어 학습 연구소에서 주 1회씩 아이들과 책 읽기 그룹 수업을 하는데 책 한 권을 2~3회에 걸쳐 학습한다. 그중 1~2회는 무조건 책에 대한 다양한 질문을 만들어서 서로에게 질문해 보기를 실시하거나 혹은 책 속에서 봤던 주제에 대해 자신의 생각을 말로 표현하는 활동을 한다. 이후 마지막 3회차에는 주어진 주제에 대해 자신의 생각을 정리해서 써 오도록 과제를 내 준다.

책을 읽고 책의 내용을 요약하거나 책을 읽고 난 후에 느낀 점을 거침없이 말할 수 있게 된 아이들은 넘치는 생각들을 담을 종이가 필요하다. 자연스럽게 생각을 어딘가에 단어 수준으로 혹은 문장 수준으로 남기는 시도를 시작하는 것이다. 처음에는 200자 써 오기도 버거워하던 아이들이 수업 5개월 차에 접어든 지금은 600자 원고지도 거뜬하게 채워 온다. 그뿐이겠는가? 처음에는 앞뒤 내용이 뒤죽박죽 난장판이었지만, 대화와 토론을 통해 자신의 생각을 글로 쓰는 것도 어느새 잘 정돈되기 시작했다.

아이가 책을 다 읽었는가? 그렇다면 우선 말하게 하라. 책 속에서 궁금했던 것들을 질문하게 하라. 내 생각과 달랐던 주인공의 마음과 태도를 반박하게 하라. 그리고 이런 것들을 다른 사람과 자유롭게 이야기하게 하라. 그럼 아이들은 자연스럽게 자신의 생각을 글로 풀어 쓰기 시작할 것이다.

아이의 성향과 기질에 따른 맞춤형 책 읽기 전략

'분명히 내 배 속에서 나온 아이들인데, 어쩌면 저렇게 다를까?'

둘 이상의 아이를 키워 본 경험이 있는 부모라면 누구나 이 말을 이해할 것이다. 첫째는 너무 힘든 아이였지만 둘째를 낳고 보니 둘째는 하느님께서 나에게 주신 선물 같다고 말하는 이들도 있다. 혹은 첫째를 키울 때 순한 아이의 성향 덕분에 큰 어려움이 없었다가 예민한 둘째를 낳아 키우면서 육아의 헬을 경험했다는 이들도 있다.

아이는 태어날 때부터 자신만의 기질을 타고난다. 그리고 이 기질이 평생 동안 유지되는 경우는 드물다. 본인이 살아가는 환경 안에서 다양한 사람과 상호작용을 하면서 조금씩 변하게 된다. 그렇게 변한 사람들은 주변에서 "재는 어렸을 때는 안 그랬는데, 크면서 많이 변했어"라는 말을 듣게 된다. 이처럼 타고난 성향인 '기질'이 생활 속에서 다양한 경험을 거치면서 '성격'을 형성하게 되는 것이다. 아이의 기질과 부모의 기질이 잘 맞지 않는다면 아이가 자라나는 동안 아이와 부모 모두 힘든 시기를 거치게 된다. 심리학이나 아동학, 유아 교육 분야에서는 부모와 아이 간의 기질 차이와 부모의 양육 패턴이 아동의 심리적·인지적·언어적 발달에 어떤 영향을 미치는지에 대한 연구가 굉장히 많다. 그렇기 때문에 부모가 아이의 기질과 성격을 잘 이해하고 있는 것이 큰 도움이 된다. 만약 아이의 기질과 성격을 부모가 잘 이해하고 있다면 아이와의 관계가 좋을 뿐만 아니라 더 나아가 학습이나 진로를 결정할 때도 많은 도움을 줄 수 있다.

심지어 책 읽기를 하는 방법이나 책을 고를 때도 기질에 따라 다른 접근법을 사용해 주는 것이 좋다. 그래서 아이들의 기질을 6가지 유형으로 나누어 책 선택에 도움이 될 수 있도록 했다. 내 아이가 어떤 성향에 가까운지 생각해 보자. 그에 맞게 책 읽기를 도와줄 수 있다.

① 완벽주의 성향의 아이

완벽주의 성향의 아이들은 글을 읽을 때 정확하게 이해되지 않는 단어가 있거나 문장이 있으면 그냥 넘어갈 수가 없다. 대부분의 독자는 글을 읽다가 잘 이해되지 않는 부분이 있으면 읽기를 멈추기보다 읽었던 부분을 다시 한 번 훑어보거나 그대로 읽기를 지속한다. 글을 읽다가 단어나 일부 내용이 다소 이해되지 않더라도 읽기를 계속하다 보면 후반부에서 아까 이해 못 했던 부분이 어떤 것이었는지 추론할 수 있는 단서가 제공될 것임을 알기 때문이다. 하지만 완벽주의 성향의 아이들은 이해가 완전히 되지 않은 채로 넘어가는 것을 굉장히 어려워한다. 처음에는 아이들에게 관련 내용을 설명해 주어도 좋다. 하지만 다른 사람을 통해 해당 정보를 얻게 되는 것보다는 잘 이해되지 않는 부분은 물음표로 남겨 놓고, 읽기를 계속해 스스로 추론하고 이해하는 과정을 거치는 것이 중요하다. 그런데 완벽주의 성향이 있는 아이들은 이런 부분이 쉽게 이루어지지 못한다. 그래서 이 부분이 차차 가능해질 수 있도록 셰이핑*이 중요하다.

우선 아이가 모르는 어휘가 한 페이지에 10개 정도 포함되는 책은 피하는 것이 좋다(글의 길이에 따라 5개 정도가 될 수도 있다. 대략 모르는 단어가 전체 어휘 수에 5%를 넘지 않도록 한다). 아이가 완벽주의 성향을 가졌다면 특히 더 신중하게 책을 골라 주도록 한다. 아이의 학년 수준을 고려한 책을 고르고, 같은 주제를 다룬 책이더라도 우선 쉬운 어휘를 사용한 책을 읽히는 것이 도움이 된다.

하지만 모든 책을 사전에 골라서 읽히기는 어렵다. 어휘 수준을 미리 고려하지 못했는데 반드시 읽어야만 하는 책이 있다면 어떻게 해야 할까? 책을 읽기 전에 미리 이해하고 있으면 좋을만한 어휘들을 정리해서 제공하는 것이 도움이 될 수 있다. 일부 어려운 어휘를 미리 숙

* shaping: 만들어 가도록 도와주는 것. 점차 잘할 수 있도록 도와주는 것.

지하고 난 후 읽기를 시작하면 보다 쉽게 읽기를 진행할 수 있기 때문이다. 그렇지 않으면 아이는 중간중간 튀어나오는 어휘 때문에 읽기를 지속하는 것이 쉽지 않을 것이다. 이 과정에서도 엄마가 직접적으로 자세한 설명을 해 주기보다는 아이와 함께 혹은 아이 스스로 사전을 찾아보게 하자. 이 활동을 통해 책을 읽기 전 사전적 정의나 예문 등을 확인한다면 책을 읽으면서 문맥 안에서 쉽게 이해할 수 있다. 어휘 문제가 아니더라도 내용이 이해가 안 되어서 어려워한다면 마인드맵 등의 그래픽 조직자를 사용해서 중간중간 내용을 정리하고, 조직화하면서 읽어 가면 이해에 도움이 된다. 특히 등장인물이 많은 책을 읽을 때는 등장인물 간의 관계도를 그려 옆에 놓으면 큰 도움이 된다.

② 산만한 성향의 아이

산만한 성향을 가진 아이의 경우 가만히 앉아서 책을 읽는 행위를 해 주는 것만으로도 우선 감사함을 가져야 한다. 산만한 아이에게는 한자리에 앉아 책을 읽는다는 것이 굉장한 도전이기 때문이다. 다만 여기서 우리가 생각해야 할 문제는 이 아이가 책을 '진짜로' 읽었는지 정확하게 알 수 없다는 것이다. 아이가 자리에 앉아 책을 보기는 했는데 정말로 읽은 것인지, 쳐다보고 있었던 것인지를 알기가 어렵다. 가끔 산만한 성향을 가진 똑똑한 아이들은 책 속에 있는 몇 개의 어휘나 문장 그리고 제목만으로도 전체 이야기를 대충 설명할 수 있다. 이런 경우 대부분의 부모는 아이가 책을 잘 읽고 있다고 생각하기 쉽다. 하지만 그런 식으로 내용을 대충 때려 맞출 수 있는 것은 쉬운 책일 때나 가능하다. 글의 길이가 길어지고 이야기 구조가 복잡해지면 그런 방법은 더 이상 통하지 않게 된다. 그때가 오면 어릴 적 자리에 앉아 책을 읽던 아이의 모습은 더 이상 볼 수 없게 된다. 그럼 이런 아이들은 어떻게 해 주는 것이 좋을까?

산만한 성향의 아이들은 긴 시간 동안 책을 읽는 것이 어렵다. 그렇기 때문에 책을 읽는 시간을 정해 주기보다는 한 번에 읽어야 할 책의 양을 정해 주는 것이 더 좋다. 그리고 아이가 책을 읽은 후에는 부모와 읽은 책의 내용에 대해 이야기를 나눠 보도록 한다. 책 속에 나왔던 전체적인 이야기 흐름을 이해하고 있는지뿐만 아니라 세부 정도를 이해하고 기억하는지도 반드시 확인을 해야 한다. 이 과정에서 부모가 반드시 주의해야 할 사항은 '네가 얼마나 꼼꼼하게 책을 읽었는지 확인해 보자'라는 느낌을 아이에게 들켜서는 절대 안 된다는 것이다. 그저 아이가 자신이 읽은 책의 내용을 부모에게 소개해 주고, 부모가 궁금해하는 것에 대해 답변해 주는 시간이어야 한다. 부모와 자유롭게 이야기 나누는 상황일 뿐이어야 한다. 그 과정 안에서 자연스럽게 책의 내용을 보다 꼼꼼하게 기억해야 함을 알게 되는 것이다. 다른 사람에게 책의 내용을 더 잘 설명하려면 자신이 읽으면서 어떤 내용을 이해하고 기억해야 하는지를 깨닫게 하면 충분하다.

③ 탐구자 성향의 아이

탐구자 성향의 아이는 알고 싶은 것이 많다. 스스로 책에서 답을 찾아내기도 하지만 가장 가까운 어른에게 묻기도 한다. 가끔은 왕성한 호기심으로 부모를 지치게도 한다. 그럼에도 불구하고 이런 아이의 성향을 잘 다듬어 준다면 굉장히 똑똑한 아이로 키울 수 있다.

탐구자 성향의 아이는 새로운 주제에 대한 관심을 갖기 전까지는 하나만 판다. 하나의 주제에 대해 박사 학위 논문이라도 쓰듯이 집요하게 파고든다. 이런 아이는 궁금한 것이 있으면 답답해서 참을 수가 없기 때문에 누가 시키지 않더라도 관심 있는 주제를 발견하면 책을 집어 들게 되어 있다.

내 아이가 이렇다면 부모 입장에서 무슨 걱정이 있겠냐 싶겠지만, 또 이런 자녀를 둔 부모들은 아이의 책 읽기 편식에 대한 걱정을 한다. 하지만 아이의 관심은 계속해서 바뀐다. 지금은 우주에 대한 관심이 지대하던 아이가 어느 날 스포츠에 관심을 갖기 시작한다. 책의 주제는 다양하게 읽는 것이 좋다. 그것이 지식의 습득 면에서나 유연한 사고를 갖는 데에도 훨씬 긍정적이다. 편식하는 책 읽기를 하는 아이가 걱정이 되는 것은 이해한다. 하지만 조바심 내지 말자. 아이들의 관심사는 늘 변화한다. 지금 당장 보이는 '편식하는 책 읽기'에 불안한가? 그렇다면 '책 읽기 금식'을 생각해 보면 어떨까? 무엇이라도 먹어 주면 다행이다.

④ 규칙 지킴이 성향의 아이

정해진 규칙에서 벗어나는 것을 어려워하는 아이들이 있다. 정해진 책을 처음부터 끝까지 읽어야 하는 아이들, 하나를 시작했으면 중간에 바꾸지 못하는 아이들, 본인 수준에 맞지 않는 어려운 책을 선택했다는 것을 알았지만 그만둘 수 없다고 생각하는 아이들. 이런 성향의 아이들은 책을 고르는 데 오랜 시간이 걸리기도 한다.

이런 아이들은 대개 자신이 지켜야 하는 규칙을 잘 지키기 때문에 선생님이나 부모님들에게 늘 칭찬을 받는 편이다. 그런 칭찬에 익숙해져 있기 때문에 융통성 있게 상황에 따라 자신의 행동을 변화시키기보다 정해진 규정 안에서 움직이는 것을 더 편하게 생각한다. 아니, 그래야 한다고 생각한다. 그렇기 때문에 실패를 두려워하기도 하고, 안전이 보장되는 선택만을 하려는 성향을 보이는데, 이런 성향들이 자칫 잘못하면 도전을 두려워하고, 미리 정해진 안전한 바운더리 안에서만 결정하려는 패턴을 갖게 한다. 결국 이런 아이들은 실패는 하지 않을지언정 도전을 통한 새로운 경험을 얻지 못하게 될 수 있다.

아이들에게 실패가 없는 자유로운 선택에 대한 기회를 제공해 보자. 예를 들어 서점에 방문하는 것을 자유롭게 경험하도록 유도하는 것도 좋다. 서점에 가면 굉장히 많은 사람들로 북적인다. 서서 책을 읽는 사람들, 책을 들고 이야기를 나누는 사람들, 아이에게 책을 읽어 주는 부모들, 문제집을 보러 온 학생들 등 다양한 사람들이 존재한다. 그 안에서 이 책을 들었다가 저 책을 들었다가 하는 행위는 아주 당연하고 흔한 모습이다. 그런 환경 안에서는 읽던 책을 바꾸는 것이, 다 읽지 않은 책을 내려놓는 것이, 또는 보다 쉬운 책을 선택해서 보는 것이 하나도 이상하지 않다. 그렇기 때문에 아이는 자신의 선택을 번복하는 것이 보다 쉽게 느껴지게 된다. 여기서 가장 중요한 것은 아이가 책을 읽다가 중간에 다른 책으로 바꿔 읽더라도, 혹은 자신의 수준보다 지나치게 높은 책을 선택했거나 현저하게 낮은 수준의 책을 선택했더라도 믿고 기다려 주는 것이다. 섣부르게 아이의 선택에 대해 피드백하지 마라. 가끔은 내버려 두는 동안 가장 많이 성장한다.

⑤ 토론자 성향의 아이

토론자 성향의 아이들은 비판적 읽기가 가능한 논설문을 좋아한다. 작가의 가치관이나 생각이 정확하게 드러나 자신의 생각과 비교하며 적극적으로 비판하며 토론할 수 있는 글을 좋아한다. 이런 아이들은 공감하며 읽기를 강조하는 이야기 글, 혹은 글을 읽고 주인공의 마음을 이해하거나 공감해 주어야 하는 과제들에 대해서는 오히려 어려움을 느낀다. 하지만 작가가 제시한 글의 내용에 대해 자신의 생각을 말하거나 적어 보라고 하면 거침없이 자신의 생각을 표현한다.

토론자 성향의 아이들은 말을 잘하는 경우가 많다. 그렇기 때문에 자신의 생각을 표현했을 때 긍정적인 피드백을 받은 경험이 많을 것이다. 하지만 이런 경험들이 자칫 잘못 고착되면 무조건적인 비판, 혹은 비판을 위한 비판을 하게 될 수도 있다. 어떤 글을 읽었을 때 굉장히 동의가 되는 내용인데도 '비판적 사고'라는 것을 '작가의 생각을 반대하는 것'이라고 잘못 이해하고 행동하는 것이다.

논설문을 읽을 때는 '왜?'라는 질문을 던지면서 읽는 것이 좋다. 그러면 자신의 의견을 더욱 견고히 하기 위해 생각을 구조화하기 때문에 글을 이해하거나 비판적 사고를 하는 것에도 큰 도움을 준다. 하지만 여기서 말하는 비판적 사고라는 것은 무조건적인 반대를 하라는 것이 아니다. 작가의 가치관이나 세계관이 나의 생각과 같은 것이라면 적극적으로 지지하고 자신의 생각을 덧붙여 그의 의견에 동조하고 그의 의견을 더욱 보완하는 것도 비판적 사고를 통해 이루어진다는 것을 반드시 알려 주어야 한다.

토론자 성향의 아이들의 읽기 지도에서 또 한 가지 기억해야 할 것은 공감적 사고를 요구하는 문학 작품 읽기 경험도 충분히 제공해 주어야 한다는 점이다. 느낀 점이나 감상을 말하지는 않더라도 문학을 접하면서 주인공의 감정이나 가치관에 공감하는 것을 시도해 보는 것은 매우 중요하다. 이야기 플롯을 이해하고 등장인물의 말과 행동에 공감하는 것은 교육을 통해서 만들어지기 어려우며, 독서 경험을 통해 자연스럽게 습득되어야 하기 때문이다.

⑥ 기록자 성향의 아이

기록자 성향의 아이들은 글을 읽을 때 눈으로만 글을 보는 것이 아니라 기억에 남은 문구에 줄을 긋고, 읽으면서 어딘가에 끄적거리는 것을 좋아한다. 이런 성향의 아이들은 나만의 책을 만드는 것을 좋아한다. 나만의 책이라는 것은 자신이 집필한 책을 의미하는 것이 아니다. 한 권의 책을 읽으면서 자신만의 방법으로 책을 지저분하게 만드는 것을 의미한다. 책을 소중하게 대하며, 행여나 흠집이라도 날까 깨끗이 눈으로만 읽는 사람들과는 달리, 책이 너덜너덜해질 정도로 책을 많이 편 흔적이 남아 있거나, 기억하고 싶은 문장에 줄을 긋고, 좋아하는 단어에 동그라미가 그려져 있다. 또는 책의 여백에 자신의 느낌을 그림으로 그려 놓는 아이들도 있다.

책을 깨끗하게 보는 사람들은 이해할 수 없겠지만, 기록자 성향의 아이들이 책에 무언가 나의 흔적을 남긴다는 것은 그만큼 그 책이 자신에게 소중하다는 것을 의미한다. 아이에게 기억에 남을 만한 것들이 책에 많이 있었다는 뜻이다. 그 책을 읽는 동안 충분히 많은 교감이 이루어졌고, 도움이 되었다는 증거다.

기록을 통한 책과의 교감을 원하는 아이들에게 '좋은 문구나 글귀는 다른 곳에 적어 놓아라. 그 책은 빌린 책이니 나중에 고스란히 다시 돌려줘야 한다'라고 한다면, 아이는 책을 읽는 동안 책에 대한 애정을 쏟기 어렵다. 그 책은 나만의 책이 아니기 때문이다. 그렇기 때문에 가능하다면 이런 아이들에게는 책을 구입해 주는 것을 권한다. 중고 서점을 통해 저렴한 가격으로 책을 구입할 수 있다. 그렇게 해서 눈과 머리와 가슴으로만 글을 읽는 것이 아니라 손을 움직여 기록을 통해 오롯이 나만의 책을 만들 수 있도록 도와주는 것이 좋겠다.

다독 vs 정독
어디에 집중할까?

"우리 아이는 책을 정말 좋아해요. 집에 오면 책 보기에 정신이 팔려서 다른 일을 안 하려고 한다니까요."

부모의 자랑 아닌 자랑 같은 투정이 들려온다. 자녀가 책을 많이 읽는다는 것은 부모에게는 더할 나위 없는 큰 기쁨이다. 취미가 무엇이냐는 질문에 "독서예요"라고 말하는 아이들의 눈빛을 볼 때면 나는 늘 심장이 쫄깃해짐을 느낀다.

내가 연구소에서 만나는 아이들은 책 읽기가 어려운 아이들인데, 그중에서 간혹 책 읽기가 취미인 아이들이 있다. 읽기에 어려움을 가지고 있지만 언어 능력이 뛰어난 경우다. 아이는 읽을 수 있는 몇 안 되는 어휘로 대략적인 전체 내용을 추론해 낼 수 있다. 하지만 이런 놀라운 능력도 책의 길이가 길어지면 이내 한계에 도달하고 만다.

학년 수준이 높아지면서 이런 방식의 책 읽기가 불가능해지는 이유는 바로 어휘의 난이도가 높아지고, 구문과 글의 구조도 복잡해지기 때문이다. 그중 읽기 활동에서 어휘의 역할은 굉장히 중요하다. 책의 난이도가 높아질수록 어휘의 수준이 높아지고, 자신의 어휘력에 따라 책에 대한 이해도가 달라진다. 또한 책 읽기를 통해 자신의 어휘력을 다지게 되는 시스템으로 선순환 작용이 일어난다. 그런데 책의 길이가 길어지고, 책의 어휘 수준이 높아지면서 아이들은 줄글 읽기를 버거워하기 시작한다. 그러면서 자연스럽게 선택하는 것이 학습용 만화책이다. 만화책은 책 읽기를 시작할 때 접근성이 좋은 장르다. 진입 장벽이 낮기 때문에 누구나 쉽게 책 한 권 읽기를 시도해 볼 수 있는 좋은 기회를 제공한다. 하지만 만화책에서는 앞서 설명한 '어휘력 증진'이라는 선순환 시스템이 작동하기가 어렵다. 만화책에 사용되는 어휘가 문어체이기보다는 구어체인 경우가 많고, 말풍선 안에 사용되는 어휘가 대부분 단순한 편이기 때문이다(물론 설명 문장은 문어체 혹은 높은 수준의 어휘가 사용될 수 있겠지만 그 부분은 아이들이 꼼꼼하게 살피지 않는다). 게다가 제시된 어휘를 정확하게 모르더라도 만화책의 가장 큰 장점인 그림을 보면서 책의 내용을 이해할 수 있다. 그렇기에 줄글을 읽을 때에 비해 어휘 자극은 거의 이루어지지 않는 것이 사실이다. 이와 같은 이유로 언어 수준이 낮거나 어휘력에 제한이 있는 아동은 책을 읽어야 하는 상황에서 늘 만화책을 고르는 것이다. '학습 만화니 괜찮지 않을까?' 하고 생각할 수 있겠지만, 놀이를 통한 학습은 한계가 있듯이 만화를 통한 읽기도 반드시 한계가 온다. 보다 고차원적이고 복잡한 학습 내용은 절대로 만화를 통해서 습득될 수 없다.

대개 많은 부모들은 내 아이가 책을 많이 읽기를 바란다. 책을 많이 읽어서 완독한 책의 수를 늘리는 것을 표창장을 받는 것처럼 느끼기도 한다. 하지만 나는 많은 책을 읽는 것보다는 좋은 책을 반복해서 읽는 것을 좀 더 중요하게 생각하는 편이다. 반복 읽기는 독자에게 꽤 많은 것을 선사한다. 책을 딱 한 번만 읽으면 독서의 효과가 완전하게 나타나지 않을 수도 있다. 나 역시 연구소 아이들과의 책 읽기 수업을 준비하다 보면 원치 않더라도 한 권의 책을 세 번 이상 정독하게 된다. 아동용 도서지만 처음 읽을 때, 두 번째 읽을 때, 그리고 세 번째 읽을 때 매번 다른 문장이 보이고, 다른 표현이 읽히고, 새로운 느낌으로 다가온다.

하지만 많은 부모가 반복 읽기를 이해하지 못하며, 지지해 주지도 않는다.

"또 봐? 안 지겨워? 이미 다 알고 있는 내용인데, 뭣 하러 또 봐?"

이 대사는 반복 읽기를 하는 아이들에게 하는 말이 아니다. 같은 드라마나 같은 영화를 반복 시청하는 나에게 남편이 항상 하는 말이다. 하지만 잘 만든 드라마나 명화는 볼 때마다 다른 대사가 들리고, 배우들의 표정이 보이고, 배경이 읽히며, 새로운 감정을 느낀다. 책도 마찬가지다. 문장으로, 대사로, 표정으로, 어감으로 흡수되는 그 느낌은 매번 변하기에 볼 때마다 사고의 깊이와 감동의 서사가 달라지는 것이다.

반복 읽기를 하면 작가의 문체를 배우고, 구절을 외우고, 작품의 깊이를 이해할 수 있게 될 것이다. 하지만 반복 읽기가 좋다고, 덥석 아무 책이나 반복 읽기 하지 말 것. 반드시 좋은 책을 반복 읽기 하도록 지도하는 부모의 안내가 필요하다. 어떤 책이 좋은 책인지 선택하기 어렵다면 몇십 년 동안 작품성이나 예술성을 인정받아 많은 사람들에게 양서로 정평이 나 있는 책을 고르면 실패하지 않을 것이다.

5장

아이에게 딱!
맞춤형 읽기 스킬

책 읽기에 정답은 없습니다

인터넷 서점에 접속해서 검색창에 '독서'라는 검색어를 입력하면 셀 수도 없을 만큼 많은 수의 도서가 검색된다. 마찬가지로 '독서법'이라고만 검색해도 약 300권에 가까운 책이 소개된다. 책의 대부분이 비슷하면서도 약간씩 다른 독서법을 안내하고 있다. 그도 그럴 것이 이론에 근거한 독서법이라 할지라도 작가가 선호하는 독서법이 각각 다를 수 있기 때문이다.

언어재활 임상 현장에서도 마찬가지다. 모두 근거 기반의 치료를 실시하지만 전문가마다 선호하는 접근 방법이 다르다. 공부를 할 때도 전문가마다 매우 다양한 전략을 제시한다. 공부를 잘하는 아이들은 자신에게 딱 맞는 학습 전략을 잘 찾아서 공부하기 때문에 같은 시간을 투자하더라도 높은 효율을 보일 수 있는 것이리라.

육아서와 마찬가지로 독서법을 다룬 계발서는 다양한 전략이나 기준을 제공한다. 그리고 그 책을 읽은 사람들은 누구나 책에서 제시한 방법을 실행에 옮기고 싶어 한다. 특히 양육서나 자녀 독서법 관련 책을 읽은 부모라면 '이 정도는 해야지'라는 나름의 기준을 세우고, 그에 맞추기 위해 노력한다. 그런 기준은 나를 더 나은 부모로, 더 나은 양육자로 만들어 주는 동기가 되기도 한다. 그리고 어떤 이들에게는 반드시 해내야만 하는 과업 내지는 강박처럼 느껴지기도 한다. 또 다른 이들에게는 '다른 부모들은 척척 해내는 이런 것들을 나는 왜 잘 해내지 못하지?'라는 생각을 불러일으키며 죄책감과 무력함을 느끼게 하는 원인이 되기도 한다.

하지만 그것들이 절대적인 정답인가? 가장 좋은 독서법은 딱 한 가지인가? 누가 만들어 놓은 기준인가? 나 말고 다른 사람들은 잘 해냈던 것들인가? 내가 모두 할 수 있는 것인가? 한번 생각해 볼 필요가 있다.

지금 시대를 살아가는 아이들에게 책 읽는 목적과 방향이 예전과는 많이 달라졌다. 기존의 관점에서 독서의 가장 중요한 목적은 새로운 지식 습득의 수단, 혹은 세상에 존재하는 수많은 정보를 읽어 내는 통로였다. 이것도 아니라면 내가 경험해 보지 않은 세상의 구경, 주인공의 감정을 통해 대리 만족 등을 얻기 위한 것이었다. 하지만 이제는 더 이상 이러한 목적으로 독서를 이용한다는 것은 참으로 시대착오적인 발상이라 할 수 있다. 인터넷으로 더 많은 정보를 빠르게 찾을 수 있고,

무수한 매체를 통해 타인의 삶을 엿볼 수 있다. 그렇기에 요즘의 책 읽기는 기존과는 다른 목적을 가지고 있어야 하며, 다른 방법을 제시해야 한다. 예를 들어 책을 읽은 후에 교훈을 찾기보다는, 책에서 읽고 느낀 것을 직접 실행에 옮겨 본다거나 책을 읽으면서 얻게 된 질문거리의 해답을 스스로 찾아보게 하는 것 등이 필요하다.

수많은 독서법에서 제시하는 기준은 누가 만든 것일까? '누구의 기준'인지를 생각해 보면 곧 나에게 그 기준이 중요한 것인가, 그렇지 않은가를 판단할 수 있다. 아무리 훌륭한 사람이 만들어 놓은 기준이라 할지라도 나의 가치에 맞지 않는 기준이라면 왜 그 기준을 따라야 하는지, 무엇을 얻고자 그 기준을 따라야 하는지를 생각해 보아야 한다. 그것에 대한 해답을 찾지 못했다면 어느새 다른 사람의 기준을 그저 따라가고 있는 자신을 발견하게 될 것이다.

설령 그 기준이 나의 가치관에 부합해서 잘 따르고 있다고 치자. 그것들 모두 내가 충분히 할 수 있는 것인가? 세상의 모든 사람은 자기에게 맞는 옷이 있고, 자기가 잘하는 재주가 하나씩은 있다. 어떤 엄마는 요리를 잘하고, 어떤 엄마는 집 꾸미기를 잘한다. 나의 경우는 집안일에 소질이 없지만, 아이들과 즐겁게 놀아 줄 방법을 잘 알고 있다. 하지만 내가 여기서 내가 잘하지 못하는 집안일을 잘하려고 몰입한다면 어떻게 될까? 물론 부단히 노력해서 흉내는 낼 수 있을지 모르겠다. 하지만 집안일을 더 잘하기 위해 노력을 하는 동안 내가 누구보다 더 잘하는 일인 '아이들과 재미있게 놀아 주기'는 등한시될 것이다. 나의 에너지는 한정되어 있는데, 에너지를 집안일에 쏟아부어야 하기 때문이다. 그러니 못하는 것에 매달리지 말고, 선택과 집중이 필요하다. 즉 내가 잘 못하는 일에 몰입하며 애를 쓰는 것보다는 내가 더 잘할 수 있는 것을 잘 찾아서 그것에 집중하는 것이 필요하다.

마찬가지로 수많은 독서법 중에서 내 아이를 위해 내가 제일 잘해 줄 수 있는 것을 찾아서 해 주어야 한다. 내가 잘할 자신이 없는데 다른 누군가의 성공 사례를 듣고 그대로 따라 하다가는 아이와 함께하는 책 읽기 활동이 놀이가 아닌 오히려 숙제로 다가오게 될 것이다.

오직 내 아이를 위한 책 고르기 노하우

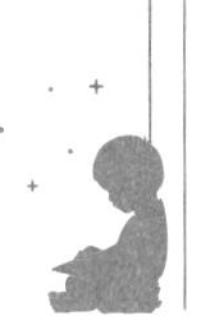

수없이 많은 책들 사이에서 아이에게 도움이 될 만한 책을 어떻게 고르면 좋을까? 아니, 아이가 좋아할 만한 책을 어떻게 고르면 좋을까? 아니, 아이의 흥미를 끌 만한 책을 어떻게 고르면 좋을까?

사실 나는 빌려 보는 책보다 구입해서 보는 책을 선호하고, 권하기도 한다. 아이들에게 나만의 책을 가질 수 있는 기회를 준다는 것은 마치 보석을 수집할 수 있는 기회를 제공하는 것과 같다. 자신만의 책에 기록하고, 나름의 표시를 하면서 책을 읽게 되면 그 책은 오롯이 나만의 책이 되기 때문이다. 아이에게 나만의 책을 만들어 줄 때 가장 중요한 것은 구입을 하는 단계에서부터 아이의 의견이 반영되어야 한다는 것이다. 그러기 위해 다음의 몇 가지 원칙들을 생각하며 함께 책을 골라 보면 어떨까?

① 함께 도서관이나 서점에 자주 들러 보자

책 고르기를 시작할 때는 아이와 함께 도서관이나 서점에 들러 보는 것을 추천한다. 도서관에 가서 책을 반드시 빌려 와야 한다거나 서점에서 반드시 책을 사야 할 필요는 없다. 그저 오가며 가볍게 들러 보는 것이다. 말 그대로 들러 보고, 둘러본다. 부모가 좋은 책이라고 알아서 빌려 오고 서점에서 베스트셀러를 사다 준다 한들, 아이 입장에서는 부모가 가져다준 숙제에 불과할 수 있다. 하지만 부모와 함께 도서관이나 서점에 자주 놀러 가듯 가 본 아이는 오가며 잠깐 들러 책을 보는 것이 결코 낯설지 않게 느껴진다. 그렇기 때문에 우선 도서관이나 서점에 가는 것을 익숙한 일로 만드는 것이 중요하다. 최근에는 지역 도서관에서 문화 행사 등이 많이 열리기 때문에 지역 도서관 내 다양한 행사 일정을 확인하고, 아이와 일정을 잡아 보는 것도 좋다. 또 대형 서점에 가면 예쁜 문구류를 판매하는 곳도 있으니 그곳에서 몇 가지 학용품을 구입하면서 책도 구경한다면 아이에게는 더할 나위 없이 좋은 장소가 될 것이다.

도서관이나 서점이 익숙한 장소가 되었다고 느껴지면 자연스럽게 아이들과 책을 읽는 시간을 가지면 된다. 다른 사람들이 책을 읽는 모습을 쉽게 관찰할 수 있기 때문에 책을 꺼내서 편한 장소를 선택해 앉아 자연스럽게 책을 읽게 될 것이다. 그리고 아이가 꽤 오랜 시간 동안 붙들고 있었던 책을 선택해서 슬쩍 물어본다.

"이 책 좋아? 이거 우리 집에 사 가서 읽을까?"

아이는 조금 고민할지도 모른다. 평소 잔소리가 많고, 아이에 대한 통제 성향이 강했던 부모라면, 아이들은 특히 더 고민을 할 것이다. 자기가 책을 사겠다고 말했지만 분명히 집에 가면 책을 다 읽었는지 계속 확인할 게 불 보듯 뻔하다고 생각하기 때문이다. 그래서 '슬쩍' 혹은 '가볍게'가 중요하다. 그리고 집에 가서도 아이에게 책 읽는 것에 대한 부담감을 주지 않도록 하는 것이 필요하다. 아이가 집에 와서 그 책을 잘 살피지 못하는 것 같다고 느껴지면, 아이가 눈치채지 않게 '슬쩍' 그리고 '가볍게' 아이의 손이 잘 닿는 곳에 책을 배치해 놓는 센스를 발휘해 보자.

② 전집을 구입할 때는 10번 이상 생각한다

나는 아이 둘을 키우면서, 그리고 언어와 읽기 교육 기관을 운영하면서도 전집이라는 것을 딱 한 번 구매해 봤다. 대개 전집은 단행본과는 다르게 한 가지 목적을 전달하거나 하나의 주제에 대해 여러 권의 책을 묶어서 발행하는 형태다. 내가 전집을 잘 구매하지 않은 이유는 전집에 포함된 모든 책이 다 좋은 것은 아니었기 때문이다. 단행본으로 한 권 한 권 구매하면 내가 하나의 주제나 목적에 맞게 책을 고를 수 있었다.

전집은 하나의 주제에 대해 여러 권을 묶어서 발행하기 때문에 해당 주제에 대해 보다 깊이 있게 이해할 수 있다는 장점을 가지고 있다. 예를 들어 자연 관찰 책이나 우주에 대한 책 등을 전집으로 읽게 되면 해당 분야에 대한 넓고 깊은 지식을 습득할 수 있다. 간혹 이러한 주제에 관심을 가지고 전집을 섭렵한 아이들을 만나면 나도 잘 모르는 새로운 지식을 전해 듣기도 한다. 또한 전집을 구매하기로 결정하는 많은 부모들은 그 이유에 대해 이렇게 설명한다.

"어떤 책이 좋은지 고르기 힘든데, 전집으로 사면 그런 고민을 덜어주니까요."

그렇다. 전집을 구매하면 부모들의 책 고르기 수고가 한결 덜어진다. 책을 만드는 수많은 전문가들이 만든 조합이니 비전문가인 부모가 고르는 책보다는 더 좋은 책을 묶어 놨을 것이고, 한 번에 여러 권을 비치할 수 있으니 부모가 중간중간 책을 고르기 위해 서점을 가거나 인터넷을 살펴보지 않아도 될 것이다.

반면에 전집은 비싸다. 물론 단행본으로 그 정도의 권수를 산다면 값은 더 비싸질 수도 있다. 하지만 한 번에 목돈이 지출되어야 하기 때문에 큰마음 먹고 구매를 하게 된다. 목돈을 지출한다는 것은 경제적인 타격으로 끝나는 것이 아니라 자꾸 본전 생각을 하게 만든다는 2차적인 문제를 야기한다. 부모들의 본전 생각은 아이들에게 부담으로 다가온다. 어느새 나도 모르게 아이에게 책을 읽으라고 닦달하게 될 것이고, 아이들에게 책 읽기는 점점 숙제처럼 느껴지게 될 것이다. 결국 책 읽기를 기피하는 아이로 만들기에 딱 좋은 원인이 된다.

하나의 주제로 묶여 있다는 전집만의 특성이 어떤 아이들에게는 책의 주제나 책의 장르를 편식하게 만드는 단점으로 작용하기도 한다.

아무래도 하나의 주제를 다루다 보니 아이는 자신이 평소 관심 있었던 주제에 대해 더 깊이 파고들게 될 것이고, 이때 다양한 주제나 장르로 관심사를 넓힐 기회를 충분히 가질 수 없게 되기도 한다. 그렇기 때문에 하나의 주제에 관심이 있다 하더라도 장르가 다양하게 구성된 전집을 구매하거나, 이야기 글이더라도 담화(스토리) 중심인지 정보 전달(설명문을 이야기 글처럼 꾸민 것) 중심인지를 살펴보고 전집을 구매하는 것이 중요하다.

③ 아이의 언어 수준을 정확하게 이해한 후 책을 고르자

읽기와 언어는 상호 보완적으로 발달하는 영역이다. 그 둘은 비슷한 수준에서 서로 영향을 주고, 끌어당겨 주는 과정을 거친다. 그런데 어느 하나의 수준이 지나치게 낮거나 높으면 서로를 끌어 주기는커녕 아이에게는 독서를 하는 순간이 너무 지루하거나 고통스러운 시간이 될 것이다.

어떤 부모들은 어려운 책을 자꾸 읽으면 아이들이 지식도 쌓을 수 있고, 덩달아 언어 능력이 높아지고, 어휘력도 길러질 것이라 생각한다. 하지만 이해하기 어려운 책은 아이들에게 외면받기 십상이다. 어른인 나에게도 내 전공 분야가 아니거나 타 전공의 전문적인 용어가 많이 사용되어 어려운 책은 읽는 데 할애하는 시간도 더 많이 필요하고, 내용을 이해하는 것이 쉽지 않기 때문에 재미없다. 아이들도 마찬가지다. 그렇기 때문에 아이에게 모르는 어휘가 많이 포함된 책은 읽히지 않는 것이 더 낫다. 아이 수준에 쉽거나 어려운 책을 구분하는 방법이 있다. 아이 연령 수준의 책을 골라 무작위로 한 페이지를 펼치고, 아이가 한 손을 편 다음 읽기 시작한다. 그리고 그 페이지를 읽는 동안 모르는 단어가 나올 때마다 손가락을 하나씩 접게 해서 다 읽기 전에 손가락이 모두 접힌다면 그 책은 아이에게 어려운 책일 가능성이 높다. 혹은 손가락이 하나도 접히지 않는다면 그 책은 아이에게 너무 쉬운 책일 가능성이 높다. 두 가지 모두 아이에게 적합하지 않은 책이니 가급적 피하도록 한다.

④ 옆집 부모가 추천한 책을 무조건 믿고 사지 않는다

아이를 키우다 보면 어느 동네에나 '돼지엄마'*가 한 명씩 있기 마련이다. 누구보다 교육 정보에 훤하고, 학원을 선택하는 기술도 능하다. 이런 경우 동네 엄마들이 무조건적으로 그 엄마의 의견이나 선택을 믿고 따르기도 한다. 특히 맞벌이 엄마의 경우는 더욱 그렇다. 나 또한 아이들 학원을 알아볼 시간이 없으니 주변에서 들리는 엄마들의 의견을 많이 반영해서 결정하는 편이다. 하지만 나의 의견이나 판단 없이 그들의 의견을 그대로 따랐을 때 내 아이에게도 적합하면 다행이지만, 사실상 실패할 가능성이 매우 높다.

* 교육열이 매우 높고 사교육에 대한 정보에 정통해 다른 엄마들을 이끄는 엄마를 이르는 말. 주로 학원가에서 어미 돼지가 새끼를 데리고 다니듯이 다른 엄마들을 몰고 다닌다고 해 이렇게 부른다.

특히 책이라는 것은 주제와 장르, 서체와 삽화 등, 독서를 하면서 아이가 감동을 얻을 수 있는 부분이 굉장히 다양하게 존재한다. 한 권의 책을 읽어도 내 아이가 이해하고 감동을 느끼는 부분과 다른 아이가 이해하고 감동을 느끼는 부분이 다를 수 있고, 그것을 해석해서 체감하는 정도도 다를 수 있다. 그렇기 때문에 옆집 아이에게 감동을 주고 도움을 주었던 책이 내 아이에게는 얼마만큼 도움이 될지 정확하게 예측하기 어렵다. 하물며 이런 부분을 그 아이에게 직접 듣는 것도 아니고 그 부모의 판단에 따라 듣게 된다면 그 말이 100% 신뢰할 수 있는 내용일까? 누군가에게는 최고의 책이더라도 내 아이에게 맞지 않으면 소용없다. 그렇기 때문에 옆집 엄마가 추천해 준 책이라 할지라도 반드시 내가 다시 한 번 확인하고, 살펴보고, 내 아이에게도 좋을 것인지 판단하는 과정이 필요하다.

⑤ 습관적으로 책을 구매하자

"읽을 책이 하나도 없네."

아이가 이렇게 말할 때면 늘 옆에서 내가 한마디한다.

"그렇게 책이 많은데 읽을 책이 없어?"

어디선가 많이 들어 봄 직한 대화다.

나는 오늘도 옷장 문을 열며 말한다.

"입을 옷이 없네."

그럴 때면 늘 옆에 있던 남편이 한마디한다.

"그렇게 옷이 많은데 입을 옷이 없어?"

신기하게도 옷장 안에는 옷이 많은데, 입을 옷은 항상 없다. 신발장에도 신발이 한가득인데 신을 신발이 없다. 그래서 매일 똑같은 옷만 입고, 매일 똑같은 신발만 신는다. 그래서 잊을 만하면 옷과 신발을 사게 된다. 그리고 그 전에 있던 옷과 신발은 버리지도 못하고 입지도 못한 채로 옷장 어딘가에 처박혀 있게 된다. 그럼에도 불구하고 우리는 새로운 옷을 산다. 옷을 사는 시기와 유행하는 스타일이 있고, 그 옷을 구매할 때마다 나의 사이즈가 달라질 수 있으며, 특정한 스타일의 옷을 입어야 하는 상황도 갑작스레 찾아오기 때문이다. 그래서 우리는 잊을 만하면 혹은 때가 되면 옷을 산다. 옷 한 벌을 샀다고 해서 그 옷이 닳고 낡아서 헌 옷 수거함에 넣는 그 순간까지 그 옷을 입게 되는 것이 아니기 때문에.

아이들은 어떨까? 책장에 가득 찬 책을 보면서 옷장 앞에서 내가 했던 것과 같은 생각을 하지 않을까? 책이 많이 꽂혀 있고, 모든 책을 끝까지 제대로 읽지 않았다 하더라도 다시 펴 보지 않게 되는 책들이 있다. 모든 책이 다 그렇지는 않겠지만, 아이의 책장에 꽂힌 책들 중에 그런 책들도 있을 수 있다는 것을 반드시 기억해야 한다. 책장에 꽂힌 책들을 완독할 때까지 책을 구입하지 않는 것이 아니다. 책은 잊을 만하면 혹은 때가 되면 습관적으로 사는 것이 필요하다. 마치 우리가 옷과 신발을 구입하는 것처럼 말이다.

⑥ 아동 중심 교육 시 주의해야 할 것

언어재활사가 새로운 직장으로 이직을 하면 기존에 아동을 담당했던 언어재활사에게 인수인계를 받게 된다. 치료 아동의 현재 수준이 어떠한지, 지금까지 어떤 목표를 가지고, 어떤 수업을 진행하고 있었는지 등을 직접 관찰하거나 혹은 구두 설명을 통해 인수인계를 진행한다. 나는 직접 관찰을 선호하는데, 직접 관찰은 일부러 시간을 할애해야 함에도 불구하고 비용을 받지 못하기 때문에 일부 전문가들은 기피하기도 한다. 또한 기존 언어재활사들도 자신의 수업을 그대로 다른 전문가에게 노출해야 하기 때문에 꽤 부담스러워한다. 하지만 아이를 더 정확하게 확인할 수 있고, 활동에 따라 아동이 어떻게 반응하는지를 직접 확인할 수 있기 때문에 개인적으로 꼭 필요한 과정이라고 생각한다.

10년 전, 나는 다른 언어재활사에게 인수인계를 받게 되었다. 수업에 참여했는데 치료 목표가 뭔지 알 수 없었다. 아이는 즐거워하는 듯 보였지만, 아이의 어떤 부분을 촉진하기 위한 활동인지 감이 잡히지 않았다. 수업이 마무리된 후에 선생님께 여쭤보니 아동 중심 수업이었기 때문에 구체적인 목표를 정하기보다 아이의 선택에 따라 목표를 변경하며 진행했다는 답변을 받았다.

임상 현장에서 아동 중심 접근은 매우 중요하다. 아이의 동기를 가장 빠르게 이끌 수 있는 최고의 방법이며, 아이 스스로 필요한 것과 원하는 것을 중심으로 진행되기 때문에 일상생활에 적용하기에도 좋다.

하지만 '아동 중심'이라는 것이 제대로 하지 않으면, 가끔은 빛 좋은 개살구가 되기도 한다. 바로 위와 같은 상황이 그러하다. 아동 중심 언어치료는 아무런 목표도 없이 아이 마음대로 놀도록 두는 것이 아니다. 언어재활사가 정확한 목표를 가지고 미리 잘 세팅해 놓은 상황에서 아이가 선택한 활동을 가지고 아이 주체적으로 활동을 진행하는 것을 의미한다.

책을 고를 때도 마찬가지다. 아이가 좋아하는 주제와 소재를 선택하거나 아이가 좋아하는 글의 장르를 선택하는 것이 중요하다. 아이가 주체적으로 선택하게 하되, 선택할 수 있는 범위는 부모가 아이의 성향과 취향을 잘 고려해서 설정해, 그 안에서 아이가 자발적으로 선택하도록 유도한다. 이 과정에서 부모가 정해주는 범위가 매우 중요할 수 있는데, 가장 쉬운 방법은 베스트셀러 코너에서 골라 보도록 하는 것이다. 다만 베스트셀러는 그 기간 동안 많이 팔린 책이지, 좋은 책은 아닐 수도 있다. 출판사의 마케팅 효과나 작가 네임 밸류의 영향을 많이 받아서 정해지기도 하기 때문이다. 하지만 우리는 이런 것을 쉽게 알기 어렵다. 그렇다면 어떤 범위에서 아이에게 책을 고르도록 하는 것이 좋을까? 많은 사람에게 오랜 시간 동안 인정받아 온 책을 고르도록 하면 된다. 우리는 그런 책을 '스테디셀러'라고 부른다. 아동 수준에 적합한 스테디셀러 목록을 미리 정리해서 아이에게 보여 주고, 그 책들 중에 구미가 당기는 책을 고르도록 한다면 아이는 자신이 정한 책이라 좋고, 부모는 좋은 책을 사 줘서 좋을 것이다.

아이에게 읽어 주자
: 책은 눈으로만 읽는 게 아니니까

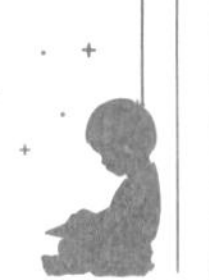

구름이는 초등학교 5학년이지만 여전히 부모가 책을 소리 내어 읽어 줘야 한다. 책을 읽는 것이 아니라 듣고 있었다. 아이는 독서 토론 학원에 다니고 있는데, 일주일에 한 권씩 책을 읽어야 한다. 그런데 구름이는 난독증 아동이기 때문에 일주일에 한 권씩, 그것도 학년에 맞게 선정된 5학년 수준의 책을 읽어 낼 재량이 없다. 하지만 귀로 들은 책의 내용을 기반으로 해 입으로 자신의 의견을 말하는 것은 거침없기 때문에 학원에 다니고 있다. 단지 책을 스스로 읽지 않을 뿐이다. 부모는 고민이 많다. 고학년인 아이에게 언제까지 책을 읽어 줘야 할까? 아무리 난독증이라지만 치료 수업 후 이제는 스스로 읽기가 가능한 수준이기 때문에 충분히 혼자서 책을 읽을 수 있는데 말이다.

앞서 말했듯이 듣기를 통한 읽기는 자발적인 책 읽기를 하지 않는 아이이거나 해독 기술 혹은 언어 능력이 낮아서 스스로 책 읽기가 어려운 아이들에게 굉장히 유용한 방법이다. 책을 스스로 읽지 않고, 듣기를 통해 읽기를 하려고만 하면 얻는 것이 하나도 없을 것이라 생각할 수 있지만, 고학년으로 갈수록 듣기를 통한 수업이 이루어지기 때문에 듣기 능력이 좋아야 수업을 잘 이해할 수 있다. 그래서 아이들에게 듣고 이해하는 능력을 길러 주는 것이 필요하다. 물론 듣기를 통한 읽기가 읽기를 통한 배움을 모두 커버해 주지는 않기에 읽어 주는 방법으로만 독서를 하게 할 수는 없다. 그래서 점차 스스로 읽기를 통한 읽기로 변화시켜 주는 것이 필요하다. 그때까지는 열심히 읽어 주어도 좋다. 다음과 같은 원칙들만 기억하면서 말이다.

① 읽어 주기를 할 때는 책의 수준을 조금 높여 본다

언어 능력이 부족해서 책을 대신 읽어 주어야 하는 아동은 자신의 언어 능력에 맞는 책을 골라 읽어 주면 된다. 반면 듣고 이해하는 언어 능력은 적절하지만 글자를 읽어 내는 것 자체에 어려움이 있어서 혼자 읽기가 어려운 아동이거나 혼자 읽기를 싫어해서 부모가 읽어 주어야 하는 경우는 책의 수준을 조금 높여 보는 것도 좋다. 부모가 책을 읽어 주는 경우에는 자신의 언어 수준이나 읽기 수준보다 조금 어려워도 이해가 가능하다. 중간에 어려운 어휘가 나오더라도 부모가 풀어서 설명해 줄 수 있다는 장점도 있고, 부모가 읽어 주면서 중요한 내용이나 기억해야 할 내용을 강조해서 읽어 줄 수 있기 때문에 조금 높은 수준의 책이라 할지라도 충분히 소화가 가능하다.

하지만 지나치게 어려운 수준으로 높이는 것은 옳지 않다. 책을 읽을 때 모르는 단어가 자주 나온다면 (한 페이지당 모르는 단어가 5개 이상인 경우) 어휘의 뜻을 설명하느라 흐름이 깨지면서 전체적인 이야기의 내용을 파악하지 못하게 될 수 있다. 따라서 수준을 크게 높이지는 말아야 할 것이다.

② 책을 읽어 줄 때는 연기자가 되어도 좋다

부모가 책을 읽어 줄 때는 약간의 연기력을 더하는 것이 좋다. 실감나게 책을 읽어 주면 아이들은 더욱 집중할 수 있고, 책의 내용을 상상하며 들을 수 있기 때문에 그 내용을 더 잘 이해할 수 있다. 실감 나게 읽다 보면 목소리 톤이 약간 높아질 수 있는데, 아이들은 높은 음의 소리에 민감하게 반응한다. 목소리 톤을 높이고, 연기하듯이 글을 읽어 내려가면 엄마가 상상한 대로 아이는 초롱초롱한 눈빛으로 엄마를 바라보고 있을 것이다. 또한 특히 의성어나 의태어를 만났다면 더욱 연기력을 뽐내야 한다. 그림책에는 많은 의성어와 의태어가 있을 것이고, 줄글로 이루어진 책에도 의성어와 의태어는 거의 모든 페이지에 존재한다. 글에서 의성어와 의태어를 사용하는 이유는 그 상황을 좀 더 쉽게 실감 나게 해 주기 때문이다. 그렇다면 그 역할을 충분히 해 줄 수 있도록 도와줘야 한다. 눈을 동그랗게 뜨고, 과장된 표정과 몸짓, 그리고 과도한 억양으로! 어떤 부모든 처음에는 어색하겠지만 계속하다 보면 점점 더 잘할 수 있게 되지 않을까? 부모의 연기력이 첨가될수록 아이는 책의 내용을 이해하거나 유추하는 것에 큰 도움을 받게 될 것이다.

의성어나 의태어를 읽어 줄 때 몸짓과 표정을 가미하거나 주인공의 표정이나 감정을 부모의 목소리와 표정과 억양의 변화로 들려주면 아이는 가만히 듣기보다는 훨씬 더 몰입해서 참여하고자 할 것이다. 이때 아이에게도 한번 그 표정을 지어 보도록, 그 몸짓을 흉내 내도록, 그 느낌을 상상해 보도록 한다면 아이의 책 읽기는 더욱 즐거운 시간이 될 것이다.

③ 쉬어 읽는 부분을 충분히 활용하라

수업이 시작되었다. 하지만 여전히 학생들은 떠들고 있다. 삼삼오오 모여 떠드느라 강단에 서 있는 나는 안중에도 없다. 이때 "자리에 앉아 주세요. 수업 시작합니다"라고 말하는 것보다 말없이 학생들을 쳐다보고 있으면 '어? 뭐지?' 하며 이내 조용히 본인의 자리로 돌아가 앉아 수업에 참여할 준비를 한다.

책을 읽을 때도 마찬가지다. 재미있게 책을 읽어 주다가 부모가 잠깐 뜸을 들여 보자. 아이의 집중력은 최고조에 이르고, 그와 동시에 호기심도 증폭된다. 아기들에게 읽어 줄 그림책에서부터 유아에게 들려줄 수 있는 그림책에도, 심지어 학령기 아동에게 들려줄 줄글로 이루어진 이야기 책에도 '클라이맥스'라는 것이 존재한다. 우리가 드라마를 보다가 '다음 회에 이어서'라는 자막이 나오는 바로 그 순간이 클라이맥스가 아니던가! 이럴 때 우리는 어떤 모습을 보이는가? 주먹을 불끈 쥐고, 왜 하필 여기에서 끝나는가를 한탄하고, 다음 편까지 어떻게 기다리나 걱정 같지 않은 걱정을 하기도 한다. 부모가 읽어 주는 책에서도 마찬가지다. 중요한 순간에, 책장을 넘기기 직전에 부모가 제공하는 약간의 '쉼'을 통한 뜸 들이기는 아이들의 궁금증과 상상력을 더욱 깊게 만들어 준다. 게다가 기대감까지 얹어 주니 더할 나위 없이 좋다.

그렇다고 너무 자주 사용하지는 말자. 우리도 극적인 부분에서 매번 다음 주까지 그 드라마를 기다리는 일이 많다면 어떻게 하겠는가? 드라마 보기를 포기하고, 완결되고 난 후에 몰아 보기를 선택하지 않겠는가?

④ 아이가 원한다면 언제든지 반복해서 같은 책을 선택해라

앞서 반복 읽기의 중요성에 대해서는 충분히 언급했다. 이 사실은 책 읽어 주기에서도 마찬가지로 적용된다. 책 읽어 주는 시간이 될 때면 늘 이미 수차례 읽었던 책을 계속해서 가지고 오는 아이들이 있다. 부모 입장에서는 대사를 외워 버릴 지경이다. 책 없이도 글자 하나 틀리지 않고 외워서 말해 줄 수도 있을 것 같은데, 아이는 늘 새로운 이야기를 듣는 것처럼 또 읽어 달라고 졸라 댄다.

이쯤 되면 부모들은 슬슬 꾀가 나기 시작한다. 내용을 슬쩍 바꿔 읽어 주거나 책을 제대로 보지 않고, 부모 마음대로 문장을 만들어 들려주기도 한다. 아이가 아직 글자를 읽지 못한다면 이렇게 읽어 줘도 무슨 상관인가 싶겠지만, 오히려 글자를 읽지 못하는 아이들에게 이렇게 읽어 주는 것이 문제가 될 수 있다. 앞서 설명한 것처럼 아이가 어렸을 때는 듣기를 통해 모든 언어 발달과 정보 습득이 이루어지기 때문에 듣는 활동에 대한 민감성이 최고조에 달해 있다. 그런데 부모가 내용을 바꾸어 말하거나 문장을 만들어 읽어 주다 보면 정확하지 않은 문장이 산출될 때가 있다. 책은 훌륭한 작가가 쓰고, 편집 전문가가 교정한 정제된 문장으로 이루어져 있다. 당연히 부모가 즉흥적으로 만들거나 바꾸어 들려주는 문장보다 어순이나 어법, 어휘가 더 정확할 수밖에 없다. 그러므로 굳이 그런 좋은 문장 대신 부모의 문장력을 선보일 이유는 전혀 없지 않을까?

반복해서 같은 글을 읽어 주는 것이 지겹더라도 원하는 만큼 충분히 읽어 주자. 들려주는 책 읽기를 거부하는 것보다 얼마나 다행인가? 아이가 자라면서 자연스럽게 다른 책을 들고 오는 날이 찾아오게 될 것이다.

⑤ 침대머리 독서가 최선인가요?

'밥상머리 교육'이라는 것이 꽤 강조되던 시절이 있었다. 밥상머리 교육이란 아이들이 부모와 함께 식사를 하면서 부모에게 궁금한 것을 묻거나 서로의 일상을 공유하면서 세상을 사는 지혜, 사람을 대하는 예절 등 인성을 배우는 것을 의미한다. 하지만 바쁜 일상을 살아가는 요즘 가족이 한데 모여 식사를 하는 경우는 이제 흔치 않다.

밥상머리 교육처럼 독서 관련 교육 분야에서는 '침대머리 독서'가 있다. '침대머리 독서'란 매일 잠자기 전에 책을 읽어 주는 활동을 함으로써 아이와 정서적인 교감을 나누고, 책 읽어 주기 활동의 효과를 최대한으로 끌어올려 주는 것을 의미한다. 외국 영화를 보면 부모들이 아이 잠들기 전에 침대맡에서 베드타임 스토리*를 들려주는 장면을 자주 볼 수 있다. 침대머리 독서의 중요성은 우리나라뿐 아니라 해외에서도 통하는 것이다.

그런데 왜 꼭 밤이어야 하는가? 낮이면 안 되는 것인가? 수많은 연구 결과에서 침대머리 독서가 아동의 언어 발달과 정서 함양에 도움이 된다는 결과를 일관적으로 밝히고 있다. 영국 서식스 대학교의 연구 결과에 따르면 잠들기 전, 단 6분 정도의 독서가 아이의 스트레스를 68%나 감소시켰다고 보고했다. 상상을 해 보자. 하루 종일 신나게 활동한 몸과 마음을 따뜻한 물로 샤워하며 달래 준다. 이불 속에 누워 부모가 읽어 주는 이야기를 듣고 있으면 온몸이 노곤해지면서 긴장이 풀리고 마음이 편안해진다. 아이는 머릿속에서 상상의 나래를 펼치다가 스르르 잠으로 빠져든다. 생각만 해도 힐링이 되는 느낌이다.

* Bedtime story: 잠자기 전 아이의 편안한 수면을 위해 부모가 아이에게 책을 읽어주는 전통적인 형태의 스토리텔링을 말한다.

하지만 아이가 상상의 나래를 채 펼치기도 전에 부모가 먼저 스르르 잠에 빠져드는 경우도 허다하다. 그리고 아이가 잠이 오지 않는다며 잠투정을 하거나, 정해진 양을 넘어섰는데도 계속 읽어 달라고 한다면 피곤한 몸과 마음에 지쳐 나도 모르게 화를 내게 된다. 행복한 시간이 될 것만 같았던 침대머리 독서 시간을 모두 망쳐 버린 것이다. 잠시 꿈꿨던 행복하고 안락한 상상은 이론에만 존재하는 것 같다. 나도 재미있게 책을 잘 읽어 줄 수 있는데 괜히 잠들기 직전, 극강의 지침 상태로 읽어 주면서 나도 모르게 아이에게 짜증만 부려 차라리 읽어 주지 않는 편이 더 나을 뻔했다고 생각하게 된다.

베드타임 스토리, 침대머리 독서는 옳고 그름의 문제가 아니다. 그저 가치관과 선택의 차이일 뿐이다. 다른 누군가가 좋다고 해서 본인이 할 수 있는 수준을 넘어서는 노력을 하다 보면 뜻대로 되지 않았을 때 자괴감에 빠질 뿐이다. 침대맡에 누워 잠들기 전 책을 읽어 주지 않았어도 책 읽기를 좋아하고, 독해력이 훌륭하고, 부모와의 정서적 교감이 충분한 아이들도 많이 만나 보았다. 그러니 할 수 있는 만큼만 하자. 못하는 것을 잘하고 싶어 집중하는 것보다 잘하는 것에 집중하는 편이 훨씬 더 효과적이다. 자신의 상황과 가치관대로 행동하는 것이 가장 후회가 없다.

소리 내어 읽게 하자
: 오감을 사용하는 책 '읽기'

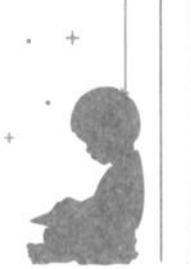

언제까지 소리 내어 책 읽기를 했을까? 아이에게 소리 내어 책 읽기를 시켜 본 기억이 있는가? 가끔 아이들에게 속으로 읽고 이해하라고 강요하지 않았는가? 하지만 음독하기는 읽기 과정에서 굉장히 중요하다.

과거 초등학교 1~2학년 교실에 가면 아이들이 다 함께 선생님 구령에 맞추어 소리 내어 책 읽기를 하는 모습을 쉽게 관찰할 수 있었다. 최근에는 여러 사회적 상황(역사상 유례없는 최악의 팬데믹 사태로 학교의 아이들은 다 함께 무엇인가를 읽는 것도 매우 조심스러워졌다)으로 인해, 혹은 음독의 중요성이 잊혀져 소리 내어 책을 읽는 모습을 쉽게 볼 수 없다.

흔히 책을 읽는 것이 단지 눈으로 글자를 보고 뇌에서 의미를 이해하는 것이라고 생각하기 쉽다. 하지만 책을 읽을 때는 눈으로 글자를 보고, 각각의 글자와 그들이 가지고 있는 소리를 연결해야 의미 과정으로 전달될 수 있다. 책을 소리 내어 읽는다는 것은 눈으로 글자를 보고, 입으로 글자가 나타내는 소리를 말하고, 귀로 듣는 모든 활동을 포함하는 것이다. 눈과 입, 귀 외에도 손으로 책을 만지고, 머리로 의미를 떠올리고 내용을 이해한다. 결국 소리 내어 책을 읽으면 오감을 모두 이용해 독서를 할 수 있게 되는 것이다. 오감만 활용되는 것이 아니다. 뇌에서 시각을 담당하는 영역, 글자를 소리로 바꾸기 위해 청각을 담당하는 영역, 글자를 소리 내어 읽기 위해 조음 기관을 담당하는 영역까지, 뇌의 여러 곳을 자극하고 활성화시키게 된다. 그렇기 때문에 글자를 읽어 내는 기술 자체를 습득해야 하는 유치원생부터 초등학교 저학년 아이들에게는 소리 내어 읽기가 읽기 학습의 기초를 다지는 매우 중요한 단계이기도 하다.

이처럼 읽기 과정에서 핵심적인 단계인 소리 내어 읽기를 제대로 하려면 다음과 같은 원칙을 생각하며 진행하는 것이 필요하다.

① 소리 내어 책을 읽을 때는 틀리게 읽어도 끝까지 기다리자

속으로 읽는 묵독 대신 소리 내어 읽는 음독을 시키는 이유가 무엇일까? 아이가 정확하게 읽어 내고 있는지를 확인하는 것일까? 읽기 학습을 막 시작한 경우거나 읽기에 어려움이 있는 아동의 경우에는 소리 내어 읽을 때 정확하게 읽지 못하고, 더듬더듬 읽으면서 느린 속도를 보이게 되어 결국 매끄럽지 못한 읽기 패턴이 나타나기도 한다. 이런 경우 부모가 아이의 옆에서 틀리게 읽을 때마다, 더듬거리며 읽을 때마다, 조사를 빼고 읽을 때마다, 다른 글자로 바꿔 읽을 때마다 지적을 한다고 생각해 보자. 아이는 소리 내어 책을 읽는 그 시간이 너무나 힘들 것이다.

물론 난독증과 같이 글자를 읽어 내는 것 자체에 어려움이 있는 아동에게는 글을 유창하게 읽기 위해서 정확성을 다져야 하는 단계가 필요하다. 그러한 경우에는 아동이 주어진 글을 정확하게 읽을 수 있도록 지도하는 것이 맞다. 하지만 난독 아동에게도 우선, 단어 수준에서 정확성을 확보한 후 문장 수준에서 지도를 하게 된다. 또한 문장 수준에서 오류가 나타나더라도 즉각적인 지적을 하기보다는 아동이 읽기를 모두 끝마친 후에 피드백을 제공하도록 되어 있다.

이뿐 아니라 읽기에 어려움이 없는 일반 아동과 성인도 읽기 정확성이 100%가 아니다. 일반 성인의 경우에도 전체 글에서 2% 이내의 오류는 나타날 수 있다. 따라서 아이들이 소리 내어 글을 읽을 때 간혹 틀리게 읽는 것은 정상이다. 아이가 소리 내어 읽기 활동을 싫어하지 않도록 가급적이면 중간에 끼어들어 지적하지 말고, 아이가 다 읽고 난 다음에 고쳐 주도록 하자. 아니, 굳이 고쳐 주지 않아도 된다. 내용 이해를 저해하는 수준의 치명적인 오류가 아니라면 그저 아주 짧고 간단하게 웃으면서 말해 주면 충분하다.

② 소리 내어 책 읽기의 목표가 무엇인지 기억하자

소리 내어 책 읽기는 글 읽기의 정확성을 증진하는 가장 좋은 방법이다. 소리 내어 책 읽기를 하면서 정확성이 높아지고, 읽기 경험이 반복되면 글을 매끄럽고 자연스레 읽을 수 있다. 이것을 읽기 유창성에 도달되었다고 말한다. 소리 내어 책 읽기는 읽기 유창성에 도달하는 가장 좋은 방법이다. 그렇기 때문에 읽기 유창성이 발달하는 초등학교 저학년 때까지 소리 내어 읽기 활동을 강조하는 것이다.

하지만 소리 내어 읽기를 통해 읽기 정확성과 유창성에 도달하고 있는 단계라면 글을 잘 읽어 내기 위해 에너지를 상당 부분 할애해야 한다. 그래서 아직 읽기 유창성이 확립되지 못했다면 소리 내어 읽으면서 동시에 읽은 내용을 완전하게 이해하기 어려울 수도 있다. 우리의 에너지는 과업이 많아진다고 함께 늘어나는 것이 아니라, 가지고 있는 에너지를 나누어 쓰는 것이다. 그렇기 때문에 글자를 정확하게 읽어 내는 데 에너지를 많이 사용하게 되면 글의 내용을 이해하는데 사용할 에너지는 그만큼 적어진다. 그래서 유창하게 읽어 내지 못할 때는 아무래도 읽기 이해에 제한이 나타날 수 있다.

아이가 소리 내어 읽은 후에, 그것도 정확하고 빠르게 읽어 내도록 지시한 후에 어떤 내용을 읽은 것인지를 확인한다면 아이는 적절한 답변을 하기가 어려울 수 있다. 따라서 현재 책 읽기의 목표가 무엇인지에 따라 다르게 지도하는 것이 필요하다. 읽기 유창성에 도달하기 위한 목표를 가지고 소리 내어 책 읽기를 시키고 있다면 정확성과 속도감 그리고 표현감을 가진 책 읽기만을 유도하면 된다. 반면 읽기 이해를 체크하기 위한 목표를 가지고 책 읽기를 시킨다면 묵음으로 읽도록 하거나 혹은 읽기 정확성이나 속도를 지적하지 말아야 한다.

③ 아이와 함께 읽어도 좋다

아이가 책 읽기를 시작한 지 얼마 되지 않았고 아직 소리 내어 책을 읽는 것에 익숙하지 않다면 부모가 함께 책을 읽는 것이 아주 좋다. 부모가 함께 책을 읽는 것이 좋은 이유는 여러 가지가 있는데, 그중 하나는 읽기의 좋은 모델이 되기 때문이다. 함께 책을 보면서 부모가 읽어 주면 어떤 부분에서 쉬어 읽으면 되는지 혹은 어느 정도의 속도로 읽는지를 자연스럽게 배우게 된다. 또한 아이가 계속해서 소리 내어 책을 읽다 보면 읽기에 대한 피로도가 누적된다. 그런데 부모와 한 줄씩 번갈아 읽거나 한 페이지씩 번갈아 읽다 보면 조금 더 편안하게 책의 내용을 이해할 수 있기 때문에 그 시간을 즐길 수도 있다. 그리고 부모가 아이와 함께 책을 읽으면 단순히 글을 읽어 내는 것을 넘어 아이가 부모와의 정서적 교감에 빠져 행복한 시간을 보낼 수 있다는 것만으로도 충분한 이유가 될 수 있다.

읽기 유창성에 도달하지 않은 경우 혹은 긴 글 읽기에 대한 경험이 없어서 스스로 읽기가 어려운 아이는 처음부터 책 읽기를 혼자 해 보라고 하면 굉장히 부담스러워한다. 그렇기 때문에 부모와 번갈아 소리 내어 읽기를 하면 보다 쉽게 소리 내어 읽을 수 있을 것이다.

④ 실감 나게 읽도록 해 보자

글을 유창하게 읽는다는 것은 정확하게 읽는 것, 적절한 빠르기로 읽는 것, 그리고 표현력을 가미해서 읽는 것을 의미한다. 아무리 정확하게 적절한 속도로 글을 읽더라도 로봇이 읽는 글은 표현력이 없어 유창하다는 생각이 들지 않는다.

실감 나게 글을 읽어야 하는 글의 장르는 아무래도 대화가 포함되어 있는 이야기 글이다. 대화에는 말하는 이의 감정이 드러나 있다. 말하는 이의 감정을 이해하는 것은 이야기를 이해하는 데 굉장히 중요한 역할을 한다. 같은 대사라 할지라도 어떤 감정으로 표현하느냐에 따라 다른 의미가 될 수 있기 때문이다.

호랑이는 엄마 목소리를 흉내 내며 말했습니다.

"얘들아, 엄마 왔다. 어서 문을 열어 주렴~."

오빠는 엄마 목소리가 이상하다고 생각했습니다.

"엄마 목소리가 이상한데, 우리 엄마가 맞는지 확인해야겠어요. 손을 보여 주세요."

위의 글을 읽을 때, 아이는 호랑이의 대사를 말할 때는 엄마 목소리를 흉내 내듯이 읽어야 하고, 오빠의 대사를 말할 때는 겁에 질려 있으면서 의심 섞인 목소리로 읽어야 실감이 날 것이다. 그렇게 읽을 수 있다는 것은 책의 내용을 이해하고, 등장인물의 성격이나 기분, 감정을 잘 파악하고 있다는 것을 의미한다. 따라서 실감 나게 읽기 위해 노력하다 보면 등장인물의 감정이나 기분을 파악하기 위해 문맥을 잘 이해하려고 노력하게 된다. 더 나아가 이러한 노력은 일상생활에도 도움을 주게 된다. 예를 들어 다른 사람과 대화를 나눌 때에도 상대방의 감정을 잘 파악할 수 있게 되어 상황에 맞는 반응을 잘할 수 있다.

아이의 어휘력을 확인하는 밑줄 긋기

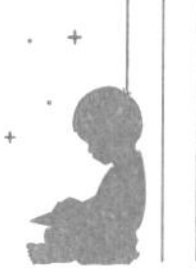

나는 고등학생 때까지 눈으로만 글을 읽는 학생이었다. 국어 문제집을 풀 때도 팔짱을 끼고 눈으로만 글을 읽고, 문제를 풀었다. 그래서 내가 푼 문제집을 펼쳐 보면 답과 채점한 빨간 색연필 표시만 있었다. 친구들은 어떻게 줄 한 번 치지 않고 문제를 풀 수 있냐며 신기해했는데, 나는 오히려 줄을 그으면서 읽는 것이 더 어색했다. 하지만 언제부터인가 중요한 부분에 줄을 긋지 않으면 기억이 잘 나지 않았다. 그래서 이제는 줄도 긋고, 나중에 다시 봐야 하는 부분을 표시하면서 책을 읽고 있다.

한 예능 프로그램에 출연한 연예인이 학창 시절 공부를 아주 열심히 했던 경험을 이야기했다. 그는 학창 시절 공부를 열심히 했지만 그가 노력하는 시간이나 정도만큼의 성적이 나오지 않았다. 이를 이상하게 여긴 어머니가 그가 공부하는 책을 펴 보았다고 한다. 그리고 충격적인 것을 보게 되었는데, '고조선을 건국한 사람은 단군이었다'라는 문장에서 그가 밑줄을 그은 부분은 바로 '이었다'였다. 이 에피소드를 말하며 그는 쓴웃음을 지어 보였다.

우스갯소리처럼 들리는 이 경험담에는 사실 굉장히 중요한 내용을 담고 있다. 책을 읽으면서 중요한 부분에 밑줄을 긋는다는 것은 단순히 줄을 긋는 행위에 의미가 있는 것이 아니기 때문이다. 그렇다면 밑줄 긋기에 어떤 의미가 있으며, 어떤 부분에 줄을 그어야 할까?

우선 밑줄은 기억하고 싶은 부분에 그어야 한다. 아이에게 책을 읽으며 밑줄을 그어 보라고 했을 때(혹은 부모가 함께 읽으며 아이 대신 밑줄을 그어 줄 때), 만약 밑줄을 긋고 싶은 부분이 한 곳도 없었다면 그 책은 굳이 읽지 않아도 되는 책이었을지도 모른다. 그렇다고 모든 부분에 줄을 긋는 것도 좋지 않다. 정보 전달의 책을 읽는 경우에는 키워드나 주제를 담고 있는 문장에 줄을 그었는지 확인하자(그어야 한다). 제목과 관련된 단어나 소단원 주제와 관련된 단어가 포함된 문장에 줄을 그었는지 확인하자(그어야 한다). 특정 단어를 모르거나 나중에 다시 기억하고 싶다면 줄을 긋기보다는 동그라미로 표시해 놓으면 좋다. 이렇게 하면 아이 또는 부모가 동그라미 표시해 놓은 것을 보고 아이의 어휘력을 알 수 있게 된다. 아이에게 단어의 뜻을 설명하기는 어렵지만 어렴풋이 아는 단어에는 세모를 표시하도록 하고, 아예 모르는 단어에는 동그라미를 표시하라고 하면 후에 표시된 모양에 따라 어휘를 구분해 학습하기도 좋을 것이다.

그렇다고 책을 읽을 때 밑줄을 긋는 것이 필수적이라는 말은 아니다. 밑줄을 긋지 않아도 따로 메모장에 정리를 하거나 어휘 수첩을 만들 수도 있다. 책의 상태를 그대로 유지하는 것을 중요하게 생각하는 사람들은 책에 어떠한 표시도 하지 않고, 심지어 책의 중간 부분을 쫙 펼치지 않는 사람들도 많다. 그들의 책 읽는 방법이 틀렸다고 어느 누구도 말할 수 없다. 자신에게 더 잘 맞는 읽기 방법을 찾아(나름의 방법으로 기억할 수 있도록) 즐겁게 책을 읽으면 될 뿐이다.

뇌의 활성화를 돕는 멍때리는 시간

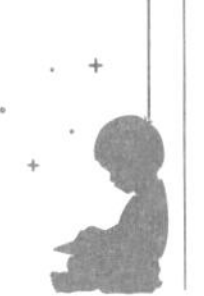

책을 읽다가 아이가 가끔 멍하게 앉아 있으면 부모들은 예외 없이 "멍때리고 앉아 있지 말고 읽던 책이나 빨리 읽어라"라고 말한다. 하지만 이는 아이에게 멍때리는 시간이 얼마나 소중하고 값진지 잘 몰라서 하는 말이다.

'멍때리기 대회'라는 것을 들어 본 적이 있는가? 아무 생각 없이 멍하니 있는 상태를 뜻하는 '멍때리기'를 대회까지 개최하면서 사람들에게 독려한다는 것이 이해가 되지 않을 수 있다. 90분 동안 멍때리기를 하며 더 일정한 심박 수를 보이는 참가자가 높은 점수를 받는다. 그런데 비생산적일 것이라고 생각되는 멍때리기가 오히려 정신 건강에 큰 도움이 된다. 인간이 멍때리는 시간 동안 뇌는 기억력을 다시 공고히 하거나 창의력을 발휘할 수 있다. 게다가 도덕적 판단을 하거나 미래를 기획하는 부위가 활성화되기도 한다. 미국 명문 대학의 연구 팀에서 진행된 연구 결과에 따르면 아무런 생각을 하지 않고 휴식을 취한 상태일 때 뇌 혈류 흐름이 더욱 원활해지고, 아이디어도 더욱 신속하게 제시할 수 있었다고 한다.

멍하게 있다고 해서 뇌의 활동이 멈추는 것이 아니라는 것이다. 아무런 생각을 하지 않고, 편안하게 있을 때에 작동하는 뇌의 특정 부위가 있다. 미국의 신경과학자 마커스 라이클 박사는 멍때리는 시간에 DMN*이라는 부위가 활성화되면서 뇌가 리셋되고, 이후 더욱 효율적이고 생산적인 일을 할 수 있게 된다는 것을 확인했다.

그래서 아이들이 가끔 차를 타고 가면서 멍하게 창밖을 바라보거나 집에서 소파에 앉아 멍하니 앉아 있는 것, 그리고 침대에 누워 가만히 있는 시간을 충분히 독려해야 한다. 학원을 오가는 짧은 시간 동안, 학교에 다녀와서 잠시 쉬는 동안 아이가 멍때릴 수 있는 시간을 제공하자. 아니, 독려하자. 이 귀중한 시간이 우리 아이의 뇌 건강과 활성화, 그리고 아이의 학습력에 도움을 줄 것이다.

* Default Mode Network: 컴퓨터를 리셋하게 되면 초기 설정(default)으로 돌아가는 것에 비유해 붙인 이름이다.

6장

우리 아이가 조금 다르다고요?

언어 발달이 또래에 비해 느린 아이

아이들은 누구나 저마다 잘하는 분야가 있다. 이 글을 읽고 있는 독자들도 어린 시절 자신의 모습을 떠올려 보면 다른 친구들보다 좀 더 잘했던 분야가 있는가 하면 다른 친구들보다 힘들어한 분야도 있었을 것이다. 나의 경우에는 큰 키 덕분에 다른 친구들보다 운동을 잘했다. 운동 신경도 나쁘지 않았기 때문에 초등학교 시절에는 학교 대표 달리기 선수로도 잠깐 활동했었다. 그리고 많은 운동 종목 중에서 내가 가장 잘했던 것은 바로 고무줄놀이였다. 이것을 운동이라 할 수 있을지는 잘 모르겠지만, 다른 친구들에 비해 나의 신장이 월등히 컸기 때문에(중학교 2학년 때 이미 170cm를 넘었다) 내가 고무줄을 잡을 때는 아이들이 발을 올려 고무줄을 넘는 것조차 어려워했다. 그래서 고무줄놀이를 할 때면 언제나 친구들은 나를 자신의 팀으로 영입하려고 애썼다.

하지만 이런 큰 키를 가진 나도 못하는 운동이 있었으니, 그것은 바로 구기 종목이었다. 키가 커서 배구나 농구를 곧잘 할 것처럼 보였는지 새 학기가 되면 체육 선생님들은 나를 불러다가 체대에 진학할 생각이 없는지 묻곤 했다. 하지만 내가 체육 시간에 공을 가지고 운동을 하는 것을 본 후에는 다시는 말을 꺼내지 않았다. 아이들이 너는 왜 유독 공놀이만 못하냐고 물었는데, 나도 그 이유를 지금껏 알지 못한다. 그래서인지 체육 시간에 피구를 하는 날이면 운동장에 나가고 싶지도 않았다.

그럼 운동 말고 공부 이야기도 잠깐 해 볼까? 나는 국어 교과목은 쉽고 재미있어 했는데, 사회나 과학 같은 암기 과목에는 영 소질이 없었다. 특히 사회 과목은 매번 시험 때마다 단기 기억력을 통한 벼락치기로 시험을 치렀기 때문에 지금까지도 내 머릿속에는 사회 교과목 관련 기본 지식이 굉장히 비루하게 남아 있다. 사회 교과목 중에서 정치나 경제는 그나마 뉴스나 기사를 통해 접하다 보니 평균 범위에 속하는 것 같은데, 세계사나 한국사 영역은 내가 생각해도 너무하다 싶을 정도로 상식이 부족하다.

제아무리 잘난 사람이라 하더라도 무엇이든 다 잘하지는 못한다. 어떤 것은 남들보다 잘할 수 있고, 어떤 것은 남들만큼 겨우 하고, 어떤 것은 남들보다 못하다. 모든 것을 다 잘하면 좋겠지만, 그렇지 못하면 어떠랴. 내가 잘할 수 있는 것을 하며 살고 있는데 말이다.

아이들도 마찬가지다. 어떤 분야는 좀 더 잘하고, 어떤 분야는 평균 정도로 할 수 있고, 또 어떤 분야에서는 친구들보다 어려움을 느낄 수 있다. 하지만 우리 사회는 아이들에게 무엇이든 다 잘하라고 이야기 한다.

4차 산업 혁명 시대가 도래하면서 사회적으로 요구되는 능력은 하이브리드형 인재상이라고 한다. 하이브리드처럼 서로 다른 두 가지의 성질 혹은 능력이 고르게 잘 섞여서 필요한 순간에 필요한 장소에서 적절하게 활용될 수 있어야 함을 의미한다. 여기서 말하는 능력은 과거와 달리 지식의 양으로만 평가하지 않는다. 타인에 대한 공감, 소통 능력을 포함한 배려 등 다양한 인성 영역도 함께 살필 수 있어야 한다는 것인데, 이 역시 일정 부분은 노력이 필요하기 때문에 결국 우리는 미래 시대 아이들에게 참으로 많은 것을 잘하라고 이야기하고 있는 것이 아닌가 하는 생각이 든다. 아이들에게 요구되는 능력이 예전보다 몇 가지 더 추가된 것 같달까.

그렇다면 이런 능력을 언제까지 탑재해야 하는 것일까? 아이들은 무엇인가를 잘하게 되기까지 각자 다른 속도로 발달한다. 이것은 말을 하는 것이든 인지적 사고 체계든 읽기 활동이든 심지어 학습이든 모두 마찬가지다. 어떤 친구가 굉장히 빨리 말을 시작했다고 가정해 보자. 그 아이보다 말을 좀 더 느리게 시작한 아이는 능력이 부족한 아이일까? 앞으로 무슨 일을 할 때 항상 느리게 발달하게 될까? 그렇지 않다. 앞서 설명한 대로 누구나 좀 더 빠르게 할 수 있는 분야와 조금 느리게 수행할 수 있는 분야가 있기 마련이다. 우리가 여기서 생각해야 하는 것은 어떤 아이는 대부분의 발달 과업을 다른 친구들보다 빠르게 습득하고 성공적으로 수행해 내는 아이가 있을 수 있고, 반면에 대부분의 과업에서 모두 느리게 발달되는 아이가 있기 마련이라는 점이다. 또 특정 발달 과업의 속도가 모든 발달의 속도를 예측할 수 있는 것도 아니다.

그렇다면 다시 생각해 보자. 내 아이의 지금 속도가 얼마나 느린가? 혹은 예전에 또래보다 조금 느리게 발달했던 부분들이 지금도 또래보다 낮은 수준을 보이고 있나? 그렇지 않을 가능성이 높을 것이다. 부모는 아이의 발달 수준을 거시적으로 볼 필요와 의무를 가지고 있다. 지금 당장 내 아이의 발달이 조금 느리다고 생각해서 조바심 내거나 아이를 채근하지 않아도 된다. 조금씩 천천히 더 단단히 다져 나가고 있을 것이다. 시간이 흐른 후에 그때 내 아이가 조금 느렸던 것 같지만 지금 그렇지 않음을 알게 되었다면, 앞으로 내 아이가 보여 주는 발달의 속도가 또래에 비해 또다시 느린 것 같더라도 예전처럼 초조해하지 않았으면 좋겠다. 내 아이는 언제나처럼 또래 수준에 도달할 것이고, 어려움 없이 발달할 것이라는 것을 믿고 기다려 주면 된다.

너무 뛰어나서 읽기 문제가 늦게 발견된 영재

내가 평가했던 아동 중에 카이스트 영재교육원에 다니던 아동이 있었다. 그 아이는 초등학교 6학년 남자아이였는데, 아주 똑똑한 아이였다. 우리 기관에서 실시한 지능 검사에서 FSIQ(전체 지능)가 140이 넘을 정도로 매우 뛰어난 아이였다. 하지만 그 아이는 심각할 정도로 영어 읽기에 어려움을 보였다. 영어 학원을 꽤 오랫동안 다녔지만 단어 암기가 너무 어렵다고 했다. 영어로 듣고 말하는 과제에서는 또래 수준에 뒤처지지 않았지만 유독 읽고 쓰는 과제에서는 맥을 못 췄다. 아이 스스로도 친구들과 과제할 때 읽거나 쓰는 활동이 있으면 은근히 긴장이 되고 어렵다고 했다. 아이의 부모님은 아이가 처음 한글을 배울 때 큰 어려움은 없었던 것으로 기억한다고 말했다. 그래서 읽기에 문제가 있으리라 생각해 본 적 없었고, 지금 이렇게 영어 읽기의 문제로 난독증 전문 기관에 찾아와 상담을 받고 있다는 사실을 매우 자존심 상해 했다.

나는 아이의 읽기 및 학습 기능 평가를 진행했고, 한글 및 영어 읽기 및 읽기 관련 인지 능력을 살펴보았다. 이 아이의 지능은 무려 140이 넘는다. 지적 기능이 상위 1% 이내에 속하는 아이라는 뜻이다. 그럼에도 불구하고 아이의 한글 철자 기술은 매우 처참했다. '옛날'이라는 고빈도의 쉬운 낱말을 '옌날'이라고 소리 나는 대로 쓴다거나 '쓰임새에 따라 분류할 수 있다'와 같은 문장에서 '불류'라고 쓰는 식이었다. 이 아동은 자신의 높은 지능으로 습득한 일견 단어*를 많이 가지고 있어 읽기 자체에서는 스스로의 문제를 극복하고 있었지만, 쓰기에서는 여전히 어려움이 남아 있는 '똑똑한 난독증 아동'의 전형적인 패턴을 보이고 있었다. 나는 곧바로 영어 읽기 검사를 실시했다. 아동은 영어 유치원에서부터 약 7년간 영어 학습을 해 왔는데, 자음-모음-자음(cvc)의 형태**로 이루어진 단어조차도 정확성이 높지 않다는 결과가 나타났다.

앞서 설명한 것처럼 읽기를 습득하는 속도는 아이들마다 다를 수

* 낱말을 읽을 때, 낱말을 잠깐 보는 것만으로도 어떤 뜻을 가진 단어인지를 알 수 있는 단어다. 즉 낱말을 구성하는 말소리 체계에 대한 특별한 분석이 없이도 글자를 빠르게 읽어 낼 수 있는 것으로 글을 빠르고 정확하게 읽기 위해 반드시 필요한 능력이다.

** cat, dog 등과 같은 형태의 단어로 영어 단어를 이루는 가장 기본적인 수준이다.

있다. 하지만 아이가 가지고 있는 다른 능력에 비해 읽기 능력만 극명하게 낮은 아이들이 있다. 즉 전반적인 언어 발달이 느려 읽기에도 제한이 있는 아이가 있는가 하면, 언어적인 문제 없이도 읽기 기술 자체에 문제가 있는 아이도 있다. 지능이나 신경-감각적인 문제가 없음에도 불구하고 읽기 학습에서 제한을 보이는 경우를 우리는 '난독증'이라고 한다. 불과 몇 년 전까지만 해도 인지 능력이 정상인데 특정적으로 글 읽기만 어렵다는 것을 매우 생소해하거나 이해하지 못하는 경우가 많았다.

그런데 유명 연예인 몇몇이 자신의 읽기 어려움을 밝히게 되었고, 이를 극복하기 위해 어떤 노력을 했는지 말하기 시작하면서 많은 사람이 '난독'이라는 것에 대해 궁금증을 갖기 시작했다. 사람들은 "TV에서 저렇게 말을 잘하는 사람이 진짜 글을 못 읽는다고?" 하며 굉장히 신기해했다. 모두 잘 알다시피 한글은 매우 과학적인 글자여서 읽기를 학습하기가 매우 쉽다. 그래서인지 우리나라는 문맹률 자체도 매우 낮은 편이고, 주변에서 글을 못 읽는 사람은 살면서 한 번도 만나 본 적이 없다고 말하는 사람들도 많다. 정상적인 지능을 가졌는데 글을 읽지 못한다는 사실을 일반 사람들은 쉽게 이해하지 못한다. 대학원에서 언어 치료를 전공했고, 난독증으로 학위를 받은 나 역시도 처음에 난독증 아동을 만났을 때는 지금까지 만나 왔던 치료 대상자들과는 너무 다른 특성을 보여 새로웠던 기억이 있다. 하지만 지금은 난독증이라는 용어가 많이 알려져 있기도 하고, 여러 난독증 관련 치료 기관들이 생겪나면서 사람들에게 많이 알려지기 시작했다.

실제로 우리나라 학생 중 난독증으로 진단받고 치료를 받지 않았다고 해서 고학년이 될 때까지 한글을 전혀 못 읽는 아이들은 없다. 다들 한글을 읽을 수는 있게 된다. 다만 읽기를 할 때 틀리게 읽는 부분이 많아 정확성이 떨어지고 또래 친구들이 읽는 것만큼 빠르게 읽지 못한다. 그러므로 난독증이라고 해서 읽기를 전혀 못 하는 아이만 상상한다면 주변에서 쉽게 찾지 못할 것이다. 모든 난독증 아이들이 글을 전혀 읽지 못하는 것이 아니다. 게다가 적절한 읽기 관련 치료를 받으면 읽기 기술이 늘고, 또래 수준만큼 읽는 것이 가능해진다.

난독증이라는 개념이 '대중적으로 많이 알려지긴 했구나'라고 느끼는 부분이 바로 평가를 받으러 오는 아이들의 연령이 예전보다 많이 낮아졌다는 것이다. 과거에는 난독증 징후가 있어도 기관으로 찾아오기보다 부모가 직접 여러 방법으로 읽기 문제를 해결해 보다가 결국 잘되지 않으면 내원했었다. 그러다 보니 중요한 치료 시기를 놓치게 되는 경우도 있었고, 또는 적절한 방법으로 연습되지 않아 각 읽기 단계별 발달이 체계적으로 이루어지지 않은 경우도 있었다.

하지만 난독증을 조기에 발견해 전문가에게 적절한 치료적 개입을 받으면 또래 수준의 읽기에 도달할 수 있다는 긍정적인 연구 결과도 다수 나왔고, 난독증을 치료할 수 있는 전문 기관도 많이 생기다 보니 이전보다 쉽게 내원할 수 있게 되었다.

여기서 중요한 것은 전문가에게 적절한 치료적 개입을 받는 시기가 늦춰져서는 안 된다는 점이다. 그런데 간혹 앞서 설명한 아이처럼 초등학교 고학년이 되어서야 아이의 난독 문제를 발견하고, 평가를 받으러 오는 경우가 있다. 이런 경우는 대개 아이의 지능이 높은 경우가 많다. 아이러니하게도 높은 지능 때문에 오히려 읽기에 어려움이 있다는 사실을 늦게 발견하게 되는 것이다. 학습의 어려움이 자신이 가진 역치를 넘어설 때까지 드러나지 않을 수도 있기 때문에 지능이 높은 아이들은 원래 본인이 가지고 있던 다양한 능력으로 읽기 문제가 드러나지 않도록 잘 감추고 있었던 것이다. 그렇기 때문에 아이가 모든 영역에서 고르게 발달하고 있는지, 특정 영역에서만 유난히 어려움을 보이고 있지는지를 면밀히 살펴봐야 한다. 부모의 세심한 관찰이 아이의 문제를 더욱 빠르게 발견할 수 있게 된다는 점을 절대 잊지 말아야 할 것이다.

초등학교 입학 후에 한글을 배우면 늦을까요?

아이가 초등학교에 입학하는 것은 학부모에게 더할 나위 없는 기쁨과 설렘을 안겨 준다. 나도 첫째 아이가 초등학교에 입학하던 그날을 잊을 수가 없다. 과밀 학급인 탓에 한 반에 40명이 넘는 학생 수에 한 번 놀라고, 급식실도 없이 교실에서 밥을 먹어야 하는 학교 상황에 화도 났지만, 그래도 내 아이가 1학년이 된다는 사실은 너무나도 기뻤다. 아이의 입학식 때 초등학교 선배들이 불러 주는 환영의 노래를 듣는데 내가 다 눈물이 났었다. 이제 학부모가 되었다는 그 쫄깃하면서도 걱정이 뒤섞인 감정을 아직도 잊을 수 없다.

하지만 학교에 들어가기 전에 한글 읽기가 완전 습득되지 않았거나 수 개념이 형성되지 않은 아이를 키우고 있다면 초등학교 입학이 설렘으로만 가득 차지는 못할 것이다. 아이가 학교에 들어가서 드디어 나도 학부모 반열에 들어섰다는 떨림보다 아이가 학교에 잘 적응하지 못할까 봐 걱정되는 불안감이 더 클 것이기 때문이다.

학교에 들어가면 모두 자연스럽게 한글을 잘 읽게 될까? 2021년 현재 우리나라에는 '한글 책임 교육'이라는 제도가 있다. 이는 교육부가 2015년에 한글 책임 교육을 강화하며, 2017년부터 한글 교육 시간을 확대해 1학년 1학기에 한글 교육 시간을 집중적으로 배치하는 등 모든 학생이 입학 초기에 한글을 해득할 수 있도록 지원하는 것을 말한다. 기존 국어과 한글 교육은 27시간에 불과했다. 하지만 이제는 3월부터 7월까지 총 51시간의 한글 교육 시간을 가지게 되었다. 이후 8월경에는 도움이 필요한 학생을 파악해 맞춤 학습을 실시할 수 있도록 하고 있다. 이를 위해 2018년부터 웹 기반 한글 학습 지원 프로그램인 '한글 또박또박'을 개발해 학생별 한글 해득 수준을 진단하고 모든 아이에게 일대일로 수준별 맞춤 학습을 제공하고 있다. 이 시스템만 본다면 우리나라의 한글 교육에 별다른 문제가 없고, 또 한글 읽기에 어려움이 있는 아이들도 적절한 시기에 발견되어 적절한 도움을 받을 수 있을 것 같다. 하지만 현실은 어떨까?

내가 어릴 적 초등학교에 입학할 당시에는 취학 전에 한글을 미리 떼고 들어가는 것이 당연한 일이 아니었다. 학교에서 한글을 처음 배우고 받아쓰기를 하면서 한글 공부를 시작하는 아이들도 많았다. 하지만 2018년 문화체육관광부와 교육부가 주관한 조사 결과에 따르면 요즘 아이들 대부분이 미취학 시기에 이미 한글 교육을 시작해 기초 읽기 기술을 습득한다는 것을 확인할 수 있다. 이 조사는 5~7세 미취학 아동 부모 1,000명을 대상으로 실시한 것이다. 또한 지역적인 편차를 배제하기 위해 '서울, 인천/경기, 대전/충청/세종, 대구/경북, 부산/울산/경남, 광주/전라, 강원/제주' 등 전국을 7개 지역으로 구분해 조사를 진행했다. 그 결과를 살펴보면 다음과 같다.

자녀가 미취학 아동이지만, 한글 교육을 하고 있는가?

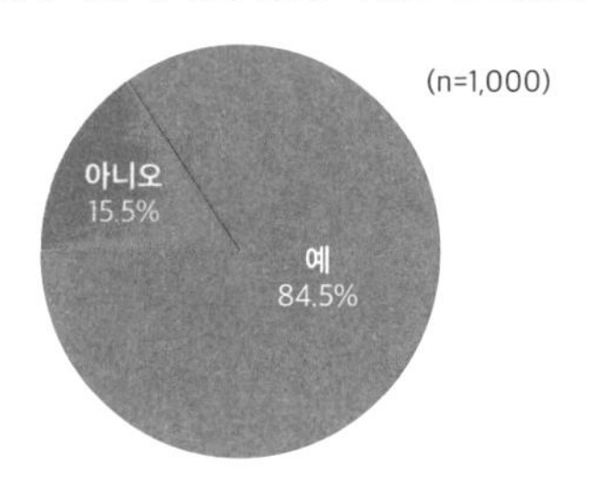

표 1_ 미취학 아동의 한글 교육에 대한 설문 조사 결과(출처: 교육부, 2018)

놀랍게도 미취학 아동 84.5%가 한글 교육을 이미 시작했다는 응답을 했다. 약 15%를 제외한 대부분의 아이들은 초등학교 입학 전에 한글 교육을 경험하고 학교에 들어간다는 의미가 된다. 한글 책임 교육 제도가 2015년에 만들어지고 2017년부터 시작이 되었음에도 불구하고, 2018년 당시 미취학 아동이 한글 교육을 받은 경험은 85%에 이른다. 학교에 들어가면 자연스럽게 한글 읽기를 배운다는 것을 알지만,

대부분의 아이들이 학교 들어가기 전에 한글 읽기를 배워 오기 때문에 부모 입장에서는 만약 내 아이만 한글 교육을 받지 않은 채 입학하면 어쩌나 하는 두려움을 갖게 되고, 그 두려움 때문에 결국 한글 교육을 실시할 수밖에 없게 되는 것이다. 물론 84.5%의 아이들 말고, 한글 교육을 따로 시키지 않았다는 15.5%의 아이들이 있었다. 취학 전에 한글 교육을 실시하지 않았던 약 155명의 아이들은 어떤 이유로 한글 교육을 실시하지 않았을까?

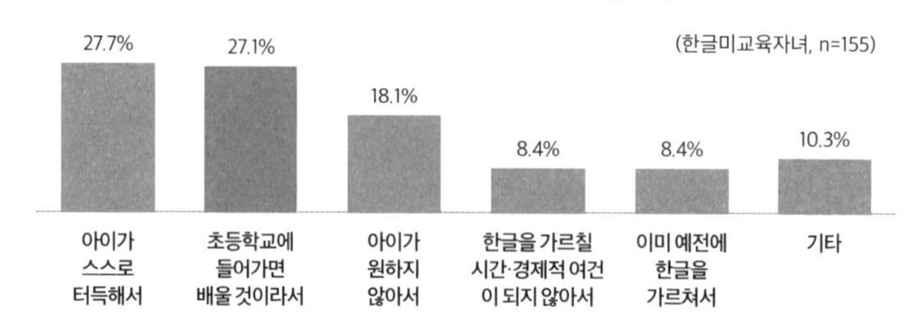

표 2_ 미취학 아동의 한글 교육에 대한 설문 조사 결과(출처: 교육부, 2018)

표 2에 따르면 그중 약 36%에 해당하는 아이들은 아이가 이미 스스로 한글을 익혔거나(27.7%) 이전에 한글을 가르쳤기 때문에(8.4%) 굳이 가르칠 필요가 없었다. 여기서 주목할 부분은 아이가 원하지 않은 경우가 18.1%고, 초등학교에 들어가면 배울 것이라 생각해서 한글 교육을 미뤄 둔 부모가 약 27.1%에 해당한다는 점이다. 즉 1000명 중 약 70명의 부모들만이 학교에서 잘 가르쳐 주리라 기대하며, 또한 미취

학 때 아이가 한글 학습을 원하지 않아서 한글 교육 경험 없이 입학을 시켰다는 것이다. 하지만 이 아이들이 학교에 들어갔을 때 정말 한글 책임 교육이 잘 이루어질까? 앞서 조사 결과에서 살펴본 바와 같이 한글 교육을 받은 85%의 아이들과 가르치지 않아도 스스로 한글을 읽을 수 있었던 5%의 아이들은 이미 한글을 잘 읽고 있는데 말이다. 남은 10%의 아이들을 위해서 정해진 51시간을 모두 한글 교육을 위해 풍부한 지원을 할 수 있을지는 의문이다.

1학년이 되었는데, 한글을 읽지 못하는 아이들은 고작 10% 정도밖에 되지 않을 것이라는 사실을 확인했다. 자, 이제 어떻게 하겠는가. 한글 책임 교육 제도를 믿고 정녕 초등 1학년 교실에 발을 디딜 때까지 기다려 보겠는가?

아이 유형별 읽기 및 쓰기 시작점 찾기

아이에게 한글을 지도하려고 결심이 섰을 때 가장 먼저 해야 할 일이 무엇일까? 대부분은 동네 엄마들의 추천을 받아 학습지 선생님을 알아볼 것이다. 이 방법이 나쁜 것은 아니다. 읽기 지도 전문가인 나 역시도 학습지 선생님의 도움을 받아 두 아이의 한글을 학습시켰다. 학습지를 통한 통낱말 학습법보다 말소리와 글자를 연결하는 파닉스 접근법이 더 좋은 읽기 접근법이라 할지라도 모든 아이에게 굳이 그 방법을 통해 지도할 필요는 없다. 물론 어떤 아이들은 좀 더 특별한 방법으로 읽기 지도를 하는 것이 필요한 경우가 있다. 하지만 읽기를 지도하는 전문가들도 아이의 특성을 파악하고, 그에 맞는 읽기 시작점을 가르쳐 주는 것이 쉽지는 않다. 아이들이 가지고 있는 다양한 특성에 따라 시작점과 시작 방법이 달라질 수 있기 때문이다. 즉 케이스 바이

케이스가 될 가능성이 매우 크다는 것이다. 그럼에도 불구하고 내 아이의 상황에 가장 근접한 유형이 어떤 것인지를 살펴보는 것은 의미가 있을 것이다. 지금부터 그 방법에 대해 하나씩 살펴보도록 하겠다.

① 언어, 인지 발달이 또래와 유사한 수준에서 발달하고 있는 아이

가장 일반적인 경우로, 한글 학습을 시작하기 전 언어 및 인지 발달이 연령에 맞게 성장한 대부분의 아이들이다. 유치원 선생님이나 주변 어른들에게 아이의 발달이 또래에 비해 늦다는 피드백을 받아 본 적이 없고, 엄마가 느끼기에도 다른 친구들과 다르다는 생각을 한 번도 해 본 적이 없다면 일반적으로 한글을 지도하는 방법인 '학습지'를 통해 지도를 시작하면 된다. 일반적인 발달을 하고 있는 80%의 아이들은 학습지를 통한 읽기 지도를 해도 문제가 되지 않는다.

흔히 선택하는 한글 학습지는 통낱말 접근을 통해 이루어진다. 해당 낱말을 통낱말로 기억하도록 연습하는데, 아이들이 보다 쉽게 기억할 수 있게 글자에 힌트가 될 만한 그림을 함께 제시한다. 예를 들어 '기차'라는 글자를 보여 준다면, 모음 'ㅣ'는 마치 기관차 굴뚝처럼 연기를 뿜어내는 모습을 연상하도록 그림이 그려져 있는 형태다. 처음에 아이들은 그 그림을 보고 말을 하게 된다. 하지만 반복하다 보면 자연스럽게 글자의 형태를 기억하게 되고, 이후에는 그림 없이 글자만으로 '기차'를 읽어 낼 수 있게 된다. 또한 글자로 '기차' '기린' '고기' 등을 읽다 보면 '기'라고 생긴 글자들은 모두 [기]라고 읽는다는 것을 생각할 수 있게 된다. 좀 더 반복을 하다 보면 '고'에 있는 /ㄱ/와 '기'에 있는 /ㄱ/가 같은 소리를 내는 글자라는 것도 알게 될 것이다. 이러한 방법을 교육 분야에서는 하향식top down 접근법이라고 한다. 일반적으로 많은 아이들이 이와 같은 방법으로 글을 익히고, 읽고 쓰기를 배운다. 그리고 문제없이 읽고 쓰게 된다. 따라서 언어나 인지 발달이 또래와 다르지 않은 일반적인 범위 내에서 자라고 있는 아이라면 읽기-쓰기 지도도 일반적인 방법 내에서 선택하면 된다.

② 언어, 인지가 또래와 유사한 수준이지만, 읽기 학습이 잘 안 되는 아이

듣고 말하기를 통한 언어 발달이나 그 외의 인지 발달은 다른 또래 친구들과 유사하게 이루어지고 있다. 그래서 다른 친구들과 마찬가지로 학습지를 통한 한글 학습을 시작했다. 혹은 엄마가 직접 한글 학습을 시켜 보았다. 하지만 다른 친구들이나 다른 자녀들처럼 한글 학습에 속도가 붙지 않는다. 이런 아이들은 통낱말을 통한 일반적인 읽기 학습이 적합하지 않을 수 있다. 따라서 통낱말을 통한 하향식 접근법보다는 소리와 글자를 연결하는 기술을 통해 읽기를 지도하는 상향식bottom up 학습법으로 지도해 볼 것을 권한다. 소리와 글자를 연결하는 기술은 글자의 형태를 반복적으로 보여줌으로써 단어를 읽어 내는 것과는 반대로, 글자를 가장 작은 단위로 쪼개서 각 개별 글자(음소)가 어떤 소리가 나는지를 생각하고 각 글자별로 소리를 결합해 읽어 내는 것을 말한다. 예를 들어 /ㄱ/와 /ㅏ/를 합쳐서 [가]라고 읽는 것이다.

이와 같은 방법은 소리와 글자 연결이 잘 되지 않아 읽기 학습을 어려워하는 아이들에게 실시하는 방법이기도 하다. (글자의 형태를 정확하게 기억하는 능력이 부족하고, 글자의 형태에 따라 달라지는 소리들의 작은 차이를 구분하기 어려워하는 아이들이 여기에 속한다.) 글자를 쪼개서 글자에 소리를 연결하는 방법으로 지도를 했더니 조금씩 읽기를 시작했다면, 지속적으로 이와 같은 방법으로 접근해 주면 된다. 다만 이러한 방법을 통해서도 읽기 학습의 속도가 느리거나 진전이 나타나지 않는다면 읽기 발달 전문가를 찾아가 평가를 받아 보기를 권한다.

③ 또래에 비해 언어(발음) 발달이 느린 아이

자라면서 또래에 비해 언어 발달이 조금 느린 아이들이 있다. 신경발달학적으로 다른 제한이 동반되는 아이(지적장애, 자폐범주성장애 등)가 아니더라도 단순히 언어 발달 측면에서만 또래보다 느린 아이가 있다. 비단 언어적인 측면이 아니더라도 발음이 정확하지 않아서 이런 부분에 대해 치료를 받기 위해 언어치료실에 다녔던 아이들이 있다. 지금은 비록 또래와 비슷한 언어를 표현하고 발음을 정확하게 구사하고 있다 하더라도 유아기 때 언어 발달이나 정확하게 발음하기에 어려움이 있었다면 아이의 읽기-쓰기 발달이 잘 이루어지고 있는지 세심하게 살펴볼 필요가 있다. 언어 발달이 느렸거나 정확하게 발음하기가 또래에 비해 느렸던 아이라면 읽기-쓰기에 어려움이 나타날 가능성이 분명히 존재하는 위험군at-risk에 속하기 때문이다. 특히 발음의 발달이 또래보다 느렸다면 특히 더 면밀하게 관찰할 필요가 있다. 물론 이런 경험을 가지고 있더라도 또래 수준의 읽기-쓰기 학습이 가능한 경우도 많으니 너무 걱정부터 할 필요는 없다. 이런 경험을 가진 아이들에게 읽기 학습을 시작한다면 일반적인 읽기 학습 방법인 통낱말 학습법을 시작해 보되, 좀 더 자주 아이의 진도를 확인해 볼 필요가 있다. 그러다가 아이의 읽기 발달 속도가 더디다고 느껴진다면 지체하지 말고 읽기 발달 전문가를 찾아가 평가를 받아 보기를 권한다.

④ 가족 중에 읽기-쓰기 학습에 어려움을 가진 구성원이 있는 아이

형제나 자매 중에 읽기-쓰기 학습에 어려움이 있는 아이가 있었는가? 그렇다면 이 아이의 읽기-쓰기 발달도 세심한 관찰이 필요하다. 읽기-쓰기 발달의 어려움은 가족력이라는 요인을 무시할 수 없다. 그렇기 때문에 가족 구성원 중에 읽기-쓰기 발달에 어려움을 가졌던 경우가 있다면 이 아이의 읽기-쓰기 발달도 주의 깊게 살펴보자. 그렇다고 미리 겁부터 먹고 특별한 방법으로 접근할 필요는 없다. 발음은 또래 수준에 적합하게 발달하는지, 끝말잇기 등의 말놀이에 어려움이 없는지, 아직 읽기를 본격적으로 시작하지는 않았지만 읽기 전에 발달할 수 있는 읽기 사회화(인쇄물에 대한 인식, 인쇄물에 대한 동기 등)는 잘 이루어지고 있는지 등을 살펴봐야 한다. 그리고 읽기 학습을 시작할 만한 적절한 때가 왔을 때 일반적인 방법을 이용하여 아이에게 읽기-쓰기 지도를 실시해 보자. 형이나 언니와는 달리 문제없이 읽기 학습이 이루어지는 경우도 있다. 하지만 일부 아이들은 형제, 자매가 보여 줬던 읽기-쓰기의 어려움을 그대로 나타내기도 한다. 이런 아이들의 경우, 읽기 발달 전문가를 통해 읽기-쓰기를 지도할 필요가 있다.

⑤ 쓰기가 유난히 어려운 아이

읽기-쓰기 학습을 시작하는 초반에는 어려움이 없었다. 또래 아이들과 비슷한 속도로 단어를 읽기를 학습할 수 있었고, 읽기 자체에 대해서는 큰 어려움이 느껴지지 않았다. 그런데 문제는 쓰기다. 철자법을 파괴하는 것은 물론이고, 글씨체도 문제다. 아이가 써 놓은 것을 읽기도 어렵고, 심지어 본인이 쓰고도 본인도 무슨 말인지 읽어 내지 못한다. 이런 경우는 어떻게 할까?

우선 아이의 문제가 어떤 부분에서 나타나는지 확인할 필요가 있다. 맞춤법에만 문제가 있는지, 아니면 필체만 엉망인지, 혹은 맞춤법과 필체 모두에서 문제인지 말이다.

첫째, 맞춤법에만 문제가 있는 아동의 경우라면 글자와 소리의 변화 유무에 따라 쓰기 문제가 다르게 나타나는지 확인할 필요가 있다. 예를 들어 '가방, 라면'과 같이 글자가 적힌 형태 그대로 소리를 내는 단어들조차 맞춤법에서 오류가 나타난다면 아이는 글자와 소리의 연결 기술 자체에 제한이 있을 수 있다. 사진 찍듯이 단어를 찍어서 대충 형태를 보고 읽고 있기 때문에 읽기는 가능하더라도 쓰기는 불가능한 것이다. 이런 경우는 앞서 설명한 방법 중에 글자와 소리를 연결하는 기술인 상향식 접근법을 통해 쓰기를 지도할 필요가 있다. 반면에 소리의 변화가 없는 단어는 잘 쓰는데, '문어→무너' '태권도→태꿘도' 등과 같이 글자와 다른 소리로 읽히는 단어에서만 어려움을 보이는 경우라면 말소리 변화에 대한 이해가 제한적이기 때문일 가능성이 높다. 이런 경우는 말소리 변화와 관련된 개념을 정확하게 가르쳐 줄 필요가 있다. 우선 말소리 변화에 대한 이론적인 접근을 시도하기보다는 의미와 연결해 자연스럽게 말할 때 어떻게 소리가 바뀌는지를 인식할 수 있도록 해 준 후에 '글자와 소리가 다를 수 있다'는 것을 이해시키는 것이 중요하다.

둘째, 필체만 엉망인 아이들이 있다. 이 경우에는 아이의 필체에 문제를 갖게 하는 원인이 무엇인지 정확하게 확인할 필요가 있다. 어떤 아이는 쓰기에 관여하는 대근육 및 소근육 협응이 원활하지 않아서 글씨 쓰기를 못한다. 필압이 지나치게 높아서 글씨를 쓰고 있는 공책의 뒷장까지 글씨 자국이 남는 경우도 있다. 또는 손에 힘이 없어서 흘려 쓰듯이 글씨를 쓰는 아이들도 있다. 이런 경우는 쓰기에 관여하는 힘을 균형 맞춰 사용하도록 도와줘야 한다. 반면 글씨를 쓸 때 주의를 기울이지 않는 아이들이 있다. 이 아이들은 글씨 쓰는 행위 자체를 귀찮아하기 때문에 자주, 짧은 시간 동안 반복적이고 규칙적으로 쓰기 연습을 실시해야 한다. 한 번에 긴 시간 동안 하기보다는 매일 최대 20분 정도의 시간을 2개월 이상 연습하기를 권한다. 글씨를 바르게 쓰는 것도 습관이기 때문에 글씨 연습을 꾸준히 하는 것은 필체를 수정하는

데 가장 중요한 방법 중 하나라는 것을 명심해야 한다.

마지막으로, 자신의 무너진 맞춤법을 감추기 위한 방법으로 글씨를 갈겨쓰는 아이들이다. 이런 아이들은 철자법에 자신이 없다 보니 글씨를 대충 쓰면서 알아보지 못하게 하는 방법을 택하기도 한다. 맞춤법에 오류가 있어서라기보다는 필체가 엉망이어서 알아보지 못하는 것이 더 낫다고 생각하는 모양이다. 이런 아이들의 경우에는 맞춤법 지도와 필체 지도를 동시에 진행함으로써 두 마리 토끼를 다 잡는 것이 필요하다.

⑥ 영어 유치원 선생님이 읽기 평가를 권유하는 아이

학교에 들어가기 전인데, 읽기 평가를 받으러 오는 아이들 중에 꽤 많은 아이들이 영어 유치원 선생님에게 읽기 평가를 권유받은 경험이 있다. 한글 학습을 본격적으로 시작해 보지 않아서 한글 읽기-쓰기 발달은 모르겠고 영어 읽기-쓰기에서 또래보다 너무 느리게 발달한다는 것이다. 영어 유치원에서는 영어 파닉스를 학습한다. 그 과정에서 또래 친구들에 비해 유난히 파닉스 학습이 더딘 아이들이 있는 것이다. 듣기, 말하기 활동에서는 느리지 않은데, 유독 파닉스 수업만 되면 아이가 맥을 못 춘다. 선생님들은 아이가 난독증일지도 모른다고 생각한다. 그리고 이에 대한 평가를 받아 보는 게 어떻겠냐고 권유하는 것이다. 실제로 어린이집이나 유치원 선생님들의 권유로 한글 읽기 발달과 관련된 평가를 받으러 오는 경우보다 영어 유치원 선생님의 권유로 한글 읽기 발달 평가를 받으러 오는 경우가 훨씬 많다. 다만 이런 경우 아이가 한글 학습에 대한 경험이 충분하지 않다면 정확한 평가 결과가 나오기는 어렵다. 하지만 영어 파닉스 학습에서 제한을 보였다면 한글 학습에서도 어려움을 보일 가능성이 매우 높은 것은 사실이다. 그렇기 때문에 영어 파닉스의 문제로 내원했다면 한글 학습에 대한 경험 여부에 따라 아이를 한글 읽기 학습의 어려움이 나타날 위험군으로 분류하고 전문적인 지도를 시작할 수도 있다. 만약 한글 학습에 대한 경험이 전무하다면 앞서 **① 언어, 인지 발달이 또래와 유사한 수준에서 발달하고 있는 아이**에서 설명한 것과 같은 방법으로 지도를 시작한다. 이후 아이의 학습 속도에 따라 하향식 접근법을 유지하거나 혹은 상향식 접근법으로 전향하는 방법을 택해야 한다. 물론 지속적으로 어려움이 나타난다면 전문가를 찾아가기를 권한다.

한글을 못 읽으면 영어도 똑같이 못 읽는다

나는 '한글 난독증 아동의 영어 읽기 중재'라는 주제로 박사 학위를 취득했다. 내가 난독증 아동의 영어 읽기와 관련된 연구를 시작한 것은 2010년경이었는데, 이 시기는 국내 난독증 연구가 이제 막 활기를 띠기 시작하던 때였다. 한글 난독증 연구도 막 붐이 일기 시작한 때라 영어 연구를 시작한다고 했을 때 지도 교수님의 반대가 있었다. 아직 한글 난독증과 관련된 분야도 연구할 것이 많은데, 굳이 영어 난독증 연구를 시작할 필요가 있는지, 그리고 영어 전공자가 아닌데 전문성을 발휘할 수 있는지에 대한 걱정이었을 것이다.

나는 당시 '한국난독증협회'라는 곳에서 난독증 아동 12명을 데리고 '영어 읽기 치료'를 하며 재능 기부를 하고 있었다. 처음 시작은 난독증 아동 부모들의 요구에 의해서였다. 언어재활사나 학습치료사를 통해 한글 읽기 치료를 받고 있지만, 초등 고학년이 되면서 영어 읽기가 또 하나의 문제로 부각되기 시작한 것이었다. 하지만 영어 선생님들은 난독에 대한 이해가 없었고, 언어재활사 선생님들은 영어 지도 방법에 대한 지식이 부족했다. 그래서 나에게 도움의 요청이 들어왔을 때 거절하기가 어려웠다. 그 아이들이 학교에서 영어 시간마다 어떤 마음으로 교실에서 버티고 있을지 상상이 되기 때문이었다.

나는 우선 ESLEnglish as Second Language 혹은 EFLEnglish as Foreign Language 아동을 위한 영어 난독증 치료 프로그램과 관련된 원서들을 구매하기 시작했다. 번역본은 당연히 없었고, 논문을 통해 알게 된 자료나 검사 도구 등을 사비를 털어 주문했다. 준비한 교재나 교구는 모두 영어를 모국어로 하는 아이들을 대상으로 하는 것이었기에 우리나라 아이들을 위한 수정 작업이 필요했다. 약간의 수정과 보완 작업을 거쳐 만들어진 프로그램을 아이들에게 적용해 보았고, 그 결과는 꽤 성공적이었다. 이후 이 프로그램을 좀더 보강해 박사 학위 논문 취득을 위한 연구를 시작할 수 있었다. 또한 영어 교육에 대한 전문성을 발휘하기 위해 TESOL 자격증까지 취득했다. 난독 아동들을 돕고 싶다는 생각에서 시작한 일이지만 어찌 보면 내 인생의 방향성이 결정되는 선택이었던 것이다.

연구와 공부를 계속해 나가면서 나는 한글 난독증 아동이 결국 외국어 읽기를 습득하는 과정에서도 어려움을 겪게 된다는 점을 알게 되었고, 한글 읽기의 어려움을 극복할 수 있듯이 영어 읽기도 적절한 시기에 전문가적 개입이 있다면 극복할 수 있음을 알게 되었다. 언어의 종류에 관계없이 읽기 기술을 습득하는 데 중요한 것은 음운 인식이라는 기술인데, 모국어에서의 음운 인식 능력이 외국어의 음운 인식 능력에 전이된다는 것은 이미 많은 연구 결과가 지지하고 있다. 앞에서도 한 번 설명했지만, 난독증과 같이 읽기에 어려움을 가진 아이들은 이 기초 기술인 음운 인식 능력에 제한을 가지고 있다. 그렇기 때문에 읽기 발달 이외에도 음운 인식 기술의 영향을 받는 발음 문제가 시사되기도 한다. 그래서 또래에 비해 정확한 발음을 하는 것이 어려웠던 아이들은 읽기를 학습하면서 특별한 어려움이 나타나지 않는지 반드시 확인을 할 필요가 있다. 발음을 정확하게 하는 능력과 읽기를 배우는 것이 전혀 다른 영역같이 느껴지겠지만 두 가지 능력 모두 '음운'이라는 기저에 의해 발달되는 것이기 때문에, 조음 기관 발달에 문제가 있던 아이가 읽기 학습에 어려움을 보일 수 있는 가능성은 분명히 존재한다. 물론 발음 문제를 가졌던 모든 아이들이 읽기 학습에 어려움을 보이는 것은 아니며, 읽기 학습에 문제를 보이는 모든 아이가 어린 시절 발음 문제를 가졌던 것도 아니다. 이 둘의 관계는 관련성이 있을 뿐 필요 충분 조건은 아니라는 것이다. 결국 음운의 문제는 아주 기저에 깔려 있는 기초 기술이고 이것은 언어를 불문하고 적용이 되는데, 모국어 학습에서 음운 인식의 제한으로 어려움을 보였던 아이들은 영어 읽기 학습에서도 난항을 겪을 수 있게 된다는 것이다.

우리 기관에 내원하는 아이들도 대부분 한글 읽기 지도부터 시작해서 영어 읽기 지도까지 쭉 몇 년을 다녀야 하는 경우가 대부분이다. 물론 영어 읽기 문제로 왔다가 한글 읽기에도 여전히 어려움이 남아 있다는 것을 알게 되어 영어 읽기와 한글 읽기 지도를 동시에 받는 아이들도 있고, 한글 읽기 문제에 대해서는 또래 수준으로 극복한 후 영어 읽기 지도만을 위해 내원하는 아이들도 있다. 이 아이들을 위한 영어 읽기 지도 방법은 무엇이 다를까? 쉽게 생각해 보자. 영어를 모국어로 쓰는 영미 국가에서도 읽기에 어려움이 있는 아이들은 좀 더 특별한 방법으로 영어 읽기를 학습해야 한다.

영어를 모국어로 사용하는 영미권 난독 아동들도 음운 인식-파닉스 접근법이라는 특별한 방법으로 영어 읽기를 시작한다. 한글 난독증 아이들이 상향식 방법을 이용한 한글 읽기를 배우듯이 영어도 마찬가지다. 특히 읽기에 어려움을 겪는 아이라면 일반 읽기 능력을 가진 아이들이 학습하는 방법대로 배워서는 안 되는* 것이다. 영어를 제2언어로 사용하는 것도 아니고, 외국어로서 영어를 배우고 사용하는 우리나라에서는 더욱더 어려울 수밖에 없다. 따라서 영어 읽기 학습 방법을 결정할 때 매우 신중해야 한다.

* 여기서 안 된다는 것은 금지한다는 느낌보다는 '권고할 수 없다'이다. 즉 효과가 쉽게 나타나지 않을 것이라는 경고에 가깝다.

어디서부터 어떻게 읽기 교육을 해야 할까

내 아이의 읽기 학습이 잘 이루어지지 않는다는 사실을 생각보다 빨리 발견하는 경우가 있다. 예를 들어 둘째 아이를 키울 때는 그 아이의 문제를 보다 빨리 알아챌 수 있다. 그 이유는 첫째 아이와 비교해 보았을 때 비슷한 속도가 나지 않는다면 뭔가 문제가 있다고 생각하기 쉽기 때문이다. 혹은 동네 친구와 비교했을 때 내 아이의 읽기 습득이 지나치게 느리다는 것을 알게 되기도 한다. 가끔은 학습지 선생님이나 유치원 선생님을 통해서도 알게 된다. 하지만 대부분의 읽기 문제는 학교에 입학한 후, 혹은 학교에 입학하고 꽤 지난 후에 발견된다. 한글은 읽기가 매운 쉬운 글자이기 때문에 우리나라에서 나고 자라면서 한글 읽기에 큰 어려움을 겪어 보지 못했던 사람이라면 누구나 쉽게 읽기를 배우고 주어진 글을 읽을 수 있다고 생각한다. 지능이 정상이고 말하고 듣는 데 문제가 전혀 없음에도 불구하고, 읽기 학습이 어려울 수 있다는 사실을 알게 되면 매우 당혹스러워한다. 내 아이가 읽기 학습에 어려움이 있음을 알게 되면 어느 부모라도 쉽게 인정하기 어려울 뿐만 아니라, 아이에게 어떤 도움을 주어야 할지 어찌할 바를 모르게 되는 것은 당연하다.

읽기에 어려움을 보이는 아동의 부모들은 아이의 읽기 문제를 확인하고 나면 어디서부터 어떻게 도움을 주어야 하는지 깊은 고민에 빠지게 된다. 정보가 없어서가 아니다. 정보가 너무 많아서 더욱 고민을 하게 된다. 인터넷에 검색을 해 보면 쏟아지는 정보의 홍수 속에서 어떤 것이 진짜 정보이고, 어떤 것이 거짓 정보인지를 확인하는 것조차 너무 어렵다. 이론적 근거가 뒷받침되는 정보들보다 홍보비를 조금이라도 더 지출한 정보가 더 많이, 더 쉽게 검색되기 때문이다. 이러한 상황에서 학부모는 전문가가 아니기 때문에 잘 모르는 것이 당연하다. 어떤 경우에는 학교 선생님조차도 난독증 아동에 대한 정확한 읽기 지도 방법을 알지 못하는 경우가 많다. 단어를 읽어 내는 것조차 어려운 난독증 아동들에게 학년 수준에 맞는 책을 쥐여 주고, 단순히 반복적으로 읽히는 활동을 통해 읽기 능력을 증진시키고자 노력하기도 한다. 예를 들어 학년 수준에 맞는, 또는 학년 수준보다 약간 쉬운 책을 골라 반복적으로 소리 내어 읽게 하는 것이다. 하지만 체계적이지 않은 주먹구구식의 방법은 오히려 역효과가 생기기도 한다.

우선 아이의 읽기 수준이 어디쯤인지를 확인해야 한다. 그 결과에 따라 읽기 지도를 어디에서부터 시작할지를 결정해야 하기 때문이다. 또한 이 상황에서 아이의 읽기 수준과 더불어 반드시 아이의 학년과 인지 수준을 고려해야 한다. 예를 들어 주어진 단어를 잘 읽지 못한다는 것이 똑같더라도 그 아이가 1학년이냐 6학년이냐에 따라 지도해야 할 시작 단계가 달라질 수 있다.

초등학교 1학년 시기는 모든 아이들이 읽기를 학습하는 시기이기 때문에 내 아이가 읽기 발달이 조금 느리더라도 아이 속도에 맞게 글자를 읽어 내는 기술부터 가르치면 된다. 그래서 보다 정확하게 글자를 익히고, 글자를 보자마자 소리로 변환하는 자소-음소 연결 기술에 초점을 두고 지도를 시작해야 한다. 반면 초등 고학년 아이들에게는 자소-음소 연결 기술의 정확성뿐만 아니라 자동화도 중요하고, 또한 이러한 해독(글자를 읽어 내는) 기술을 바탕으로 한 독해(읽은 것을 이해하는) 기술에 대한 확인도 반드시 함께 해 주어야 한다. 그렇기 때문에 아이의 연령과 인지 수준 그리고 현재 읽기 수준을 정확하게 평가하는 것부터 시작해야 한다.

다음은 아이들에게 읽기 문제가 있지 않을까 걱정을 하는 부모들이 가질 수 있는 궁금증이다. 그에 대한 답변을 읽어 보면서 부모가 선택해야 하는 아이 읽기 지도의 방향을 결정해 보자.

Q1	유치원에 다니고 있는 아이가 자신의 이름 전체를 보여 주면 읽고 한 번에 쓸 수 있지만, 이름 중 한 글자를 불러 주면 쓸 수 없습니다. 어떻게 해야 할까요?
A1	아이는 현재 글자와 소리를 연결해 읽고 쓰기보다 통낱말로 읽고 있는 것입니다. 아이가 통낱말로 읽기를 학습하는 것은 문제가 되지 않습니다. 다만 아이가 통낱말로 학습한 단어를 다른 맥락에서는 못 읽어 내거나 통낱말이 아닌 상황에서 배운 글자를 따로 읽지 못하는 상황이 6개월 이상 지속된다면 통낱말 학습이 아닌 글자와 소리를 연결하는 파닉스 방법으로 지도해 보세요.

Q2	4세 때부터 학습지를 통해 한글 읽기를 시작했는데, 2년이 지난 지금도 여전히 읽기가 어렵습니다. 정상인가요?
A2	학습지 선생님이 다녀가시면 복습을 매번 해 주시는 편이었나요? 그렇지 않다면 조금 더 지켜봐도 좋습니다. 4세의 아이는 아직 한글 학습에 능숙하지 못할 수 있습니다. 다만 7세 초까지도 여전히 읽기가 늘지 않는다고 느껴진다면 전문가를 통해 아이의 읽기 관련 인지 처리 기술을 확인해 보시기를 권합니다.

Q3	영어 유치원에 다니고는 있지만, 한글 학습이 이렇게 안 될 수가 있는지 궁금합니다. 학습지도 하고 있는데, 늘지 않는 것 같아요.
A3	읽기 기술은 분명히 학습이고, 노출 빈도에 영향을 받게 되어 있습니다. 그래서 영어 유치원에 재학 중이라면 한글 학습 속도가 또래에 비해 느릴 수 있습니다. 여기서 중요하게 살펴볼 것은 영어 유치원에서의 파닉스 학습 속도입니다. 만약 영어 파닉스 학습 속도가 또래와 비슷하다면 한글 학습도 문제없을 가능성이 높습니다. 학교 입학 전에 지금보다 한글 학습의 빈도를 높여 주세요.

Q4	초등학교에서 매주 받아쓰기 시험을 봅니다. 공부를 하고 가면 100점을 받는데, 공부를 조금만 소홀히 하면 점수가 형편없습니다. 어떻게 해야 할까요?

A4	한글 학습 경험이 전혀 없다가 학교에 들어간 경우라면 이러한 상황이 당연할 수 있습니다. 철자의 사용이 정확하고 자동화될 때까지는 반복적으로 연습을 시켜 주세요. 다만 이러한 문제가 6개월 이상, 즉 학기가 바뀌어도 지속된다면 전문가에게 확인해 보는 것이 좋겠습니다.

Q5	아이가 책을 빠르게 읽는 편입니다. 그런데 어느 날 아이와 소리 내어 읽기를 함께 해 보니 아이가 책을 많이 틀리게 읽는다는 사실을 알게 되었습니다. 그렇다면 아이에게 계속 소리 내어 읽는 것을 연습시키는 것이 좋을까요?
A5	소리 내어 읽을 때 아이의 오류율이 얼마나 되는지 확인해 보면 좋겠습니다. 만약에 100어절(소리마디) 분량의 글을 읽었을 때, 아이가 틀리게 읽는 단어가 10개 이상이 된다면 아이는 단어도 정확하게 읽지 못할 가능성이 있습니다. 그런 경우에는 단어 수준에서 정확하게 읽는 것이 필요합니다. 만약 아이가 7~10개 수준으로 오류를 보인다면 읽기 경험을 늘리면서 추이를 지켜봐 주세요. 아이의 오류가 6개 이하라면 정상적으로 발달하고 있다고 판단하셔도 좋습니다. 초등학교 저학년 시기에는 음독을 통해 읽기의 정확성과 자동화를 습득하는 시기이므로 소리 내어 읽기 기회를 충분히 제공하는 것이 좋습니다.

Q6	초등학교 고학년입니다. 아이가 책을 읽고 나서 내용을 잘 이해하지 못하는 것 같습니다. 어떻게 해야 할까요?
A6	독해력을 결정하는 요소는 많습니다. 따라서 우선 어떠한 원인으로 독해력이 떨어지는지를 확인하는 것이 필요합니다. 어휘력을 포함한 언어 능력은 또래 수준에 적합한지, 해독 기술은 적절한지, 언어적으로 제시된 정보를 이용해 새로운 내용을 추론하는 것은 가능한지, 마지막으로 읽은 내용을 기억하거나 조직화하는 기술을 가지고 있는지를 살펴보셔야 합니다. 그에 따라 독해력의 제한에 원인이 되는 부분에 대한 집중적인 지도를 실시하시는 것이 필요합니다.

7장

이제 읽기를 좋아하는 아이로!

부모와는 다른 요즘 시대의 요즘 읽기

나의 어린 시절을 떠올려 보면 아빠 엄마를 졸라 영화관에 가지 않는 이상 영상물을 접할 기회는 TV가 전부였다. 이후 비디오라는 것을 접하게 되면서, 비디오 대여점에 문턱이 닳도록 드나들며 비디오테이프를 빌려 볼 수 있었다. 그러다가 첫아이를 출산할 즈음에는 걸어 다니면서 핸드폰으로 인터넷 검색을 하는 시대가 왔고, 식당에서 아이에게 휴대폰을 쥐여 주고 어른들이 식사를 하는 모습은 굉장히 흔한 광경이 되었다. 하지만 이러한 모습을 긍정적으로 보는 이는 거의 없었다. 아무리 짧은 순간일지라도 어린아이에게 핸드폰을 보여 주면 이름 모를 죄책감을 느끼기도 했다.

하지만 지금 시대는 달라졌다. 아이들의 언어 촉진, 읽기 촉진, 학습, 취미 생활 등 매체를 활용해 아이들에게 도움을 줄 수 있는 콘텐츠가 상상할 수 없을 만큼 많아졌다. 매체 시청에 대해 조절만 잘해 준다면 매체는 더 이상 애물단지가 아니다. 최근에는 다양한 미디어 채널이 생기면서 언제 어디서나 쉽게 영상물을 접하게 되었다. 동화책을 보여 주면서 읽어 주는 비디오 채널, 동화책을 들려주는 오디오 채널, 책을 펼쳐 놓기만 하면 글자를 읽어 주는 광학 문자 인식OCR 도구 등, 이제 아이들이 정보를 받아들이는 방법은 예전과 많이 달라졌다. 수업을 듣기 위해서 반드시 교실로 찾아가야만 했던 과거와는 달리 영상을 통한 수업이 많아졌고, 코로나 팬데믹을 겪으면서 영상물을 통한 정보 습득은 더욱 일반적인 경로가 되었다.

최근에는 '디지털 리터러시'라는 개념도 등장했다. 디지털 리터러시란 인터넷의 광범위한 출처를 통해 얻은 다양한 형태의 정보를 이해하고, 사용할 수 있는 능력을 말한다.* 원래 '리터러시'라는 것은 읽기, 쓰기, 셈하기 등 일상생활을 영위하거나 학습을 위해 기본적으로 필요한 능력을 말하던 것이었다. 그러다가 시대가 변하면서 미디어의 발전에 따라 '미디어 리터러시'라는 개념이 출현하게 되었고, 2000년대 이후부터는 디지털 리터러시로 변화된 것이다. 앞서 설명한 대로 디지털 리터러시는 단순히 디지털 기술을 습득하는 것을 넘어 자신의 목적에 맞게 활용하는 능력을 포함한다. 현대 사회를 살아가는 사람이라면 누구나 디지털 기술을 익혀야 하고, 디지털 리터러시를 활용해 자신의

* 폴 길스터 지음, 김정래 옮김, 《디지털 리터러시》, 해냄, 1999년.

역량을 키워 나가야 한다.

앞으로 디지털 리터러시 기술을 익히고 사용해야 하는 우리 아이들에게 진정한 의미의 디지털 리터러시 능력을 키워 주려면 부모도, 학교도, 사회적 시선도 변해야 한다. 요즘 아이들은 태어날 때부터 IT 기능을 탑재하고 태어난다 했던가. 그에 맞춰 육아 방법도 아이를 키우는 부모들도 달라지고 있다. 더 이상 아이에게 종이책만을 고집하지 않게 되었다.

더 이상 부모가 들려주는 방식으로만 책 읽어 주기 활동을 지속할 필요가 없게 되었다. 아이들이 일방적인 방향으로만 책을 보는 것도 아니다. 다양한 매체에 탑재된 전자책을 언제 어디서든 손쉽게 읽는다. 부모의 목소리가 아닌 다양한 성우들의 목소리, 유명 연예인의 목소리를 통해 아이에게 책을 읽어 줄 수 있다. 아이는 이제 책을 읽는 동안 그림을 터치하면 낱말 이름을 들려주는 펜을 가질 수 있게 되었다. 그렇다면 이제는 책 읽기 활동에서 부모의 역할이 없어진 것일까? 그렇지 않다. 아이들은 바로 옆에서 부모의 표정과 그림책의 그림을 연결하고, 부모의 목소리를 들으며 머릿속으로는 책의 내용을 생각하면서 상상의 나래를 펼칠 수 있다. 또한 모르는 단어가 있으면 부모에게 물어보고, 자세한 설명도 덧붙여 배울 수 있다. 이 모든 과정에서 부모와 역동적으로 상호작용을 할 수 있고, 자연스럽게 언어 촉진도 이루어질 것이다.

우리는 편리하고도 손쉬운 방법들을 선택할 수 있게 되었고, 필요에 따라 적재적소에서 다양한 방법으로 아이에게 읽기 환경을 제공할 수 있게 되었다는 점에서 많은 혜택을 받고 있다. 그럼에도 불구하고 정확한 발음의 성우 목소리보다 부모의 목소리를 선택하는 등 굳이 문명의 혜택을 마다할 때도 있다. 우리는 선택권을 가지고 있다. 그렇기 때문에 필요에 따라 적절한 방법을 선택하며 아이에게 읽기 환경을 만들어 주면 되는 것이다. 어떠한 방법이 절대적으로 좋은 것은 없으니 너무 고민하지 말자. 어떻게든 요즘 시대, 요즘 아이들에게 맞는 읽기 환경을 제공해 주면 되는 것이다.

읽게 하라,
하루에 한 문장이라도!

나는 매주 읽기 학습에 어려움을 겪는 아이들과 책 읽기 그룹 수업을 진행한다. 내가 만나는 아이들은 한글 읽기 학습이 느렸기 때문에 책 읽기 경험이 또래 친구들에 비해 현저하게 부족했다. 물론 현재 그 아이들은 주어진 글을 정확하고 적절한 속도로 읽어 낼 수 있다. 또한 짧은 수준의 독해는 큰 어려움 없이 수행하기도 한다. 하지만 책 한 권을 읽는 활동은 해 본 적이 거의 없다.

읽기를 학습하는 아이들에게 책 한 권을 스스로 읽어 내는 활동은 굉장히 중요하다. 책을 읽는다는 것은 하나의 주제에 대해 짧은 지문의 형태가 아닌, 책 한 권 정도의 긴 글을 흐름에 따라 읽어 내려가는 것이다. 독해 문제집에서 만나는 지문은 길어야 한 페이지가량이다. 이 정도 길이를 가지고 연습을 하면 시험을 치를 때 만나는 그 정도 길이의 독해력은 기를 수 있을지 모르겠지만, 책 한 권 정도의 글을 읽으면서 길러질 수 있는 수준의 독해력을 얻기에는 상당히 어려울 것이다. 이런 문제들은 실제로 아이들과 책 읽기 수업을 하는 도중에 단번에 드러난다. 책 한 권을 읽고 약 100~200쪽에 이르는 내용 전체를 아우르는 주제를 유지하거나 챕터별 인과성을 이해하는 것은 그리 쉬운 일이 아니기 때문이다. 책 한 권을 읽고 이해한다는 것은 긴 글에서 사건들의 개연성을 스스로 조직화해야 함을 말하며, 작업 기억력을 동원해서 전체적인 이야기를 구조화해야 함을 의미한다. 이는 단어를 읽을 수 있는 수준이라고 해서 할 수 있는 것이 아니며, 짧은 글을 여러 개 읽어 봤다고 해서 저절로 만들어지는 것이 아니다. 학년별로 권고되는 도서의 수준을 살펴보면 미취학 아동의 수준과 저학년 수준의 도서와 중학년, 고학년, 중학생, 고등학생에 이르기까지 그 길이와 어휘 수준, 또는 암시적 내용, 내재적 표현 등의 빈도에 차이가 있다. 그래서 읽기 수준이 높아질수록 독자가 스스로 추론하고 조직화해야 하는 기술이 더 요구된다.

이런 능력을 처음부터 가지고 태어나는 아이들은 없다. 반복되는 책 읽기 경험과 사고하는 연습을 통해 서서히 조금씩 길러진다. 평범한 읽기 능력을 가진 초등 고학년 아이들 중 어렸을 때부터 스스로 읽기를 연습하고 스스로 사고하는 능력을 길러 온 아이들이라면 자연스럽게 또래 수준의 글을 이해하고 보다 어려운 주제의 글을 읽고 비판적 사고하기가 가능할 것이다. 하지만 읽기 학습에 어려움이 있거나 언어 능력에 제한을 가지고 있는 아이들은 제아무리 고학년이고 정상 지능을 가졌다 하더라도 200쪽가량의 문학 글도 버거워한다. 책 읽기에 대한 경험이 매우 부족하기 때문이다.

그렇다면 좀 더 짧은 책으로 읽게 하면 수월할까? 그렇지 않다. 아이들은 책을 읽는 그 상황 자체가 두려울 수 있다. 짧은 만화책, 기사문 읽기 상황이 두려울 수 있다. 100페이지가 겨우 넘는 책을 보여 주며 이번 주 읽기 교재라고 소개할 때면 언제나 아이들은 괴성을 지른다. 아이들만 괴로울까? 부모들은 아이들에게 그 책을 어떻게 읽혀야 할지 고민한다. 그럴 때 나는 늘 이렇게 말한다.

"처음에는 한 줄씩 번갈아 가면서 읽어도 좋습니다."

혹은 단락을 번갈아 가며 읽거나, 한 쪽씩 번갈아 가며 읽어도 좋다고 말한다. 그러다가 아이가 한 챕터를 읽게 하고, 전체를 읽게 하는 식으로 점차 읽기 양을 늘려 나가면 좋다. 이렇게 읽기 양을 늘리는 것이 한 권의 책을 읽는 동안 모두 완성될 필요는 없다. 아니, 그럴 수도 없다. 몇 권의 책을 읽어 나가는 동안 꾸준히 천천히 연습해서 부모와 함께 열 권 정도를 읽어 내고 이후에는 스스로 한 권의 책을 모두 읽어 내는 경험을 하게 되면 그다음부터 아이는 책 한 권을 혼자서 읽어 내기에 대한 두려움을 떨쳐 낼 수 있게 된다. 그래서 책 한 권 읽기의 시작이 한 문장 읽기에서부터라고 말하는 것이다.

하루에 한 문장 읽기는 어떻게 시작하면 좋을까? 어차피 한 문장 읽기부터 시작하려고 하는데 굳이 두꺼운 책일 필요는 없다. 아이가 가장 좋아하는 책을 아무거나 골라 보자. 그림이 많아도 상관없다. 예쁜 색으로 된 A4 용지를 준비하자. 예쁜 색지를 가로 길이는 A4 길이 그대로 두고, 세로 길이는 약 2cm로 자른다. A4 한 장으로 약 15개 정도의 종이띠가 만들어질 것이다. 부모는 예쁜 글씨(예쁜 글씨가 자신 없다면 워드 작업으로 만들고 출력해서 잘라 써도 좋다)로 아이가 좋아하는 책의 글을 한 문장씩 옮겨 적는다. 그런 후에 종이띠를 동그랗게 말아 종이 끝을 테이프로 붙인 후에 예쁜 유리병에 넣는다. 유리병 안에는 15개의 문장이 각각의 종이띠에 적혀 있다. 아이들과 가위바위보를 해도 좋고, 주사위를 던져도 좋다. 다양한 방법을 이용해서 감겨 있는 종이띠를 1개씩 골라 펼치면서 읽는다. 아이는 적어도 7개의 문장을 읽을 수 있다. 부모가 뽑은 종이띠와 아이가 뽑은 띠를 서로 바꿔 읽으면 아이는 15개의 문장을 모두 읽을 수 있게 된다. 이후 문장을 보고 적었던 책을 펼쳐 보고, 해당 문장을 찾아볼 수 있다. 혹은 이미 아이가 그 책의 내용을 잘 숙지하고 있다면 종이띠를 이야기 순서에 맞게 배열해 볼 수도 있다. 이렇게 하다 보면 아이는 자신이 읽은 한 문장 한 문장이 모여서 단락이 되고, 이야기가 될 수 있음을 더 쉽게 이해하게 될 것이다.

"천 리 길도 한 걸음부터"라고 했다. 절대 잊지 말자.

자연스럽게 책이 읽고 싶어지는 공간

아이가 글자에 관심을 갖고 글자를 배워 읽고 쓰기가 가능해졌다. 학교에 가고, 드디어 아이의 독립 읽기가 가능해지는 듯했다.

'아! 이제 내가 꿈꾸던 거실 서재도 꾸미고, 아이와 함께 거실에서 우아하게 책을 읽어야겠어!'

누구나 한 번쯤은 생각해 봤을 거실 서재를 꿈꿨다. 2m가 넘는 우드 슬랩 통상판 책상을 들이고, TV는 안방에 넣어야겠다. 가족들과 둘러 앉아 나와 내 아이는 함께 책을 읽을 것이다. 이런 상상을 하며 거실의 서재화를 추진했다. 하지만 현실은 온 가족 구성원이 TV가 옮겨진 안방으로 모여들어 깔깔대며 사이좋게 TV를 시청하고, 거실 책상은 정리되지 않은 잡동사니들이 잔뜩 놓였다. 마치 운동 기구가 빨래 건조대가 되듯, 그렇게 자연스럽게 거실 책상은 장식장의 역할 그 이상도 그 이하도 아니게 되었다.

위에서 말한 이러한 경험들. 내가 직접 겪었던 혹은 내 주위에서 한 번쯤은 들어 봤을 이야기다. 읽기 환경을 만들어 줘야 한다는 육아 선배들의 말을 들으며 전집도 사고, 거실 전면 서재도 꾸며 보았지만 내 아이는 도통 책 읽기에 관심이 없다. 왜 그럴까? 뭐가 문제일까? 부모부터 책 읽는 모습을 자주 보여 줘야 하나 싶어 책 읽는 모습을 시전하기도 했지만, 아이의 반응은 별로 달라지지 않았다. 읽기 환경을 마련해 주는 것이 필요하다는데, 그건 도대체 어떻게 만들어 주는 것일까?

일단 읽기 환경 만들기에서 가장 먼저 기억해야 할 것은 아이가 좋아하는 책 읽기 환경을 만들어 주어야 한다는 것이다. 앞서 설명한 모든 것이 부모가 좋아하는 책 읽기 환경이 아니었는지를 생각해 볼 필요가 있다. '거실 서재'라는 키워드만 검색창에 넣어도 엄청나게 많은 수의 글과 이미지가 검색된다. 그리고 그러한 서재들이 어떤 과정을 통해 만들어졌는지는 궁금하지 않고, 만들어진 후에 얼마나 예쁜지, 얼마나 고급스러운지, 얼마나 인테리어적으로 효과적인지만 생각하며 내가 원하는 사진을 찾아 헤맨다.

처음으로 돌아가 우리가 왜 거실 서재화를 꿈꿨었는지 생각해 보자. 남들에게 보여 주기 위해서? 우리 집을 좀 더 멋있게 보이게 하려고? 아마도 아닐 것이다. 가장 강력했던 이유는 내 아이에게 읽기 환경을 만들어 주고 싶어서였을 것이다. 그런데 거실을 꾸미면서 그곳을 가장 많이 이용했으면 하는 아이의 의견이 빠져 버렸다. 나의 의견이 조금이라도 반영된 것과 그렇지 않은 것은 그 애정도가 크게 다를 수밖에 없다. 아이들도 자신이 의견이 반영된 거실 서재화가 이루어진다면 더욱 애정하는 공간이 되지 않을까?

그래서 나는 우선 하얀색 종이를 꺼내서 아이들과 둘러앉았다. 거실 서재화를 위해 거실에서 빼낼 것과 그대로 둘 것, 그리고 새로 구입해야 하는 것을 함께 선택해 보기로 했다.

TV를 방으로 옮기는 것에 만장일치로 모두 동의하게 되었다. 자, 소파를 어떻게 할까? 소파를 없애도 좋을지에 대한 의견은 분분했다. 나와 둘째는 거실 서재화를 위해 소파보다는 책상과 의자가 더 필요하다고 생각했는데, 첫째와 아빠는 편안하게 책을 읽기 위해서는 소파가 필요하다는 의견이었다. 생각해 보니 책을 꼭 책상 의자에 앉아서 공부하듯이 봐야 할 필요는 없다. 그래서 소파는 지금의 TV 위치에 두기로 했다. 그리고 거실 중앙에는 원래 가지고 있던 우드슬랩 통상판의 책상과 의자를 놓기로 했다. 그리고 남은 한쪽 벽에는 책장을 넣기로 했다. 이때 우리는 조금 남다른 선택을 했는데, 일반적인 책장이 아닌, 책 몇 권을 꽂더라도 전면 책꽂이를 이용하자는 것이었다. 일반 책장은 책을 많이 꽂을 수는 있지만 너무 높은 곳에 있는 책은 아이들이 빼기 힘들 수 있고, 책에 파묻힌 환경이 오히려 책을 읽고 싶지 않게 만들 수 있다는 아이들의 의견이었다. 그래서 전면 책장을 몇 개 구입해서 아이들이 1~2주 동안 읽고 싶은 책을 미리 각자의 방에서 골라 나와 전면 책장에 전시하고, 책 읽는 시간마다 자신이 읽고 싶은 책을 선택해서 읽기로 했다.

이후 우리의 저녁 시간은 바뀌게 되었다. 편하게 책을 골라 볼 수 있는 환경이 되자 아이들은 누가 먼저랄 것도 없이 나름의 방식으로 책을 읽었다. 지극히 계획적인 나는 그 와중에 아이들의 책 읽기 자세에 도움이 되라고 굳이 딱딱한 의자에 앉아 책을 읽었다. 그러던 어느 날 편안하게 소파에 앉아 책을 읽어 보니 더 오랫동안 즐기며 독서를 할 수 있다는 것을 체감한 후, 더 이상 자세 따위는 생각하지 않고 책 읽기 자체를 즐기게 되었다.

읽기 환경에 대한 이론은 많다. 아이에게 더 나은 읽기 환경을 제공하는 것이 어떤 것인지에 대해 많은 연구자들과 육아 선배들이 이야기한다. 결국 읽기 환경을 통해 가장 많은 것을 얻었으면 좋겠다고 생각하는 대상은 아이다. 그러니 읽기 환경에 아이의 의견이 포함되어 있는지 반드시 되돌아볼 필요가 있다. 최고의 환경이란 그 환경을 즐기며 이용할 누군가가 최고라고 느끼는가의 문제로 결정되는 것이기 때문이다.

힘든 것을 알아주는 격려의 힘, 잘하지 못하니까 재미없지

추간판 탈출증 진단을 받은 15년 전부터 '살기 위해' 운동하라던 의사 선생님의 말씀에 따라 꾸준히, 그리고 규칙적으로 운동을 하려고 노력하며 살아왔다. 바쁜 일정을 핑계로 잠시라도 운동을 소홀히 하면 바로 허리에 통증이 시작되었기 때문이다. 5년 전쯤 방학 특강으로 하루 10시간 주 5회 수업을 약 20일간 진행하며 바쁜 일정을 보내고, 뒤늦은 여름휴가를 떠났다. 그동안 너무 무리했던 탓일까. 한국으로 돌아오기 전날 갑자기 허리 통증이 시작되었다. 움직일 수도 누울 수도 앉을 수도 없고, 급기야 통증이 너무 심해 잠을 잘 수도 없는 지경이 되었다. 조금 시간이 지나면 괜찮아질 것이라는 나의 기대와는 다르게 점점 더 상태가 나빠졌다. 급기야 참을 수 없는 통증에 진통제를 사 와서 권장 복용량 이상으로 먹고서도 통증은 쉽게 사라지지 않았다. 다음 날 귀국 편 비행기에 탑승해야 하는데 일어나 앉을 수가 없었다. 항공사에 문의를 했지만, 비행기 좌석을 환자형 베드로 변경하는 금액이 너무 터무니 없이 비싸기도 했고 소요되는 시간도 길었으며 절차도 굉장히 까다로웠다. 결국 진통제를 더 복용한 후 공항으로 향했다. 비행기 안에서도 약을 계속 먹어야만 견딜 수 있었다. 그리고 한국 공항에 도착하자마자 비행기 앞에서 대기하던 구급 대원의 도움으로 휠체어를 타고 구급차로 가서 병원으로 향했다. 수술을 하지는 않았지만, 나는 지속적으로 반복되는 디스크 문제를 예방하기 위해 평상시에도 허리 근력 강화 운동에 만전을 기했다.

문제는 내가 운동을 정말로 심하게 좋아하지 않는다는 사실이었다. 땀을 흘리며 운동하는 것을 좋아하지도 않았고, 다른 사람들이 그렇게 운동하는 것도 이해하지 못했다. 그런데 살기 위해 운동을 해야 한다니. 나에게는 너무도 어려운 미션이었다. 운동을 싫어하니 잘하지 못했고, 잘하지 못하니 재미가 없었다. 그래서 나는 운동을 하러 갈 수 없는 이유가 생길 때마다 기회다 싶어 운동을 미뤘다. 그러면서도 허리가 아파 오기 시작하면 어쩔 수 없이 개인 운동 훈련을 받으러 갔다. 운동을 하는 동안 너무 힘들고 재미없었지만, 꾹 참고 할 수밖에 없었다.

잘해야 재미있고, 재미있으니 더 많이 하게 되고, 그렇게 점점 더 잘하게 되는 것이다. 그런데 읽기가 어려운 아이들은 읽기 치료 수업을 받을 때 이런 나의 기분과 같은 감정을 느끼는 것 같다. 읽기 학습이 어려운 아이들은 음운 인식 기술 습득을 위해 치료 초기에는 반복적으로 말소리를 듣고 조작하는 연습을 해야 한다. 또한 자소와 음소를 연결하는 기술이 부족하기 때문에 주어진 단어의 자소와 음소를 연결해서 단어를 정확하게 읽어 내고, 단어 읽기 기술을 자동화하는 것을 반복적으로 연습해야 한다.

즉 읽기에 어려움이 있는 아이라면 누구나 가장 어려워하는 것들을 자주 연습해야 한다. 하지만 자신이 제일 못하는 것을 반복적으로 하는 것은 굉장히 힘든 일이다. 잘하지 못하니까 힘들고, 힘든 일이니 언제나 재미없다. 그래서 아이들을 만날 때면 늘 생각하는 것이 한 가지 있다. 적어도 나를 만나러 오는 길을 싫어하지 않았으면 좋겠다는 것. 비록 공부하는 것은 힘들지만 강민경 선생님 만나는 걸 싫어하지는 않도록 만드는 것이다. 그래서 아이들이 힘들고 지쳐할 때, 혹은 너무 힘들어할 때 최대한 그들을 이해해 주려고 노력하는 편이다.

아이가 이 힘든 과정을 잘 참고 견뎌서 극복해 내기 위해서는 적어도 나와 만나는 시간이 힘들고 지치기만 하는 과정이면 안 된다. 그래서 나는 항상 어떻게 하면 아이들의 기분과 컨디션을 최대로 끌어올려 알차게 수업을 진행할 수 있을까를 고민한다. 당장 아이가 읽기가 능숙해지고 읽기에 재미를 붙이게 되면 좋겠지만, 그런 일은 우리가 생각하는 것만큼 빠르게 이루어지지 않는다. 그렇기 때문에 아이가 읽기를 시작해서 스스로 읽기가 가능해지고 읽는 행위 자체에 흥미를 갖게 되기까지는 최선을 다해 나와의 시간에 즐거움을 느낄 수 있도록 노력해야 한다. 아이들도 나의 이런 마음을 아는지, 힘들다고 툴툴거리다가도 '그래, 당연히 힘들 거야, 힘들 수 있는 거야'라며 그 마음을 인정해 주고 선생님이 어떻게든 도와주고 싶다고 말하면, 그렇게 다시 격려하면 못 이기는 척하며 수업에 열심히 참여해 준다.

재미없는 게 당연해. 아직은 잘하지 못하니까. 하지만 네가 잘하는 건 또 하고 싶지? 그래서 계속하다 보니 더 잘하게 되는 거야. 지금 하는 이 공부가 재미가 없는 건 당연해. 하지만 조금만 더 노력하면 지금보다 더 쉬워질 거고, 그럼 쉽게 연습할 수 있을 거고, 그럼 더 잘하게 될 테니까. 그때가 되면 너도 읽는 게 좀 더 재미있어지지 않을까? 우리 그때까지 조금만 더 힘내 볼까?

옆집 아이와 비교되어도, 유창하지 않아도 괜찮아

"뭐든 빠르지 않더라도 괜찮아."

내가 아이들한테 가장 많이 하는 말 중 하나다.

내가 만나는 아이들은 대부분 처리 속도가 느리다. 과제를 진행할 때, 무언가에 반응할 때 항상 느리다. 기질적으로 인지 처리의 효율성이 떨어져서 그런 양상이 나타나기도 하지만, 이 중 몇몇 아이들은 불안이 높고 강박적인 기질도 있어 과제를 수행할 때 스스로 정해진 순서대로, 정해진 기준대로 해야만 직성이 풀린다. 그래서 '나름'의 꼼꼼함으로(나름에 강조한 이유는 다른 사람이 볼 때는 별로 중요하지 않은 것에 집착하며 꼼꼼하기 때문이다) 과제를 수행하려고 하다 보니 속도가 느리다.

물론 완벽주의 기질을 기반으로 한 꼼꼼함 때문이 아니더라도 기본적으로 과제에 대한 인지 처리를 하는 속도 자체가 또래에 비해 느린 아이들이 있다. 이들 중에 기본 지능은 높고 효율 지표가 낮은 아이들이 있는데, 이런 친구들은 대체로 가정 내에서 혹은 보다 편안한 장소에서 학습을 할 때와 시험을 볼 때 수행도가 크게 다르게 나타난다. 그 이유는 바로 시간제한이 있기 때문이다. 시간제한 때문에 심리적 부담이 커지고 그로 인해 수행도가 낮아지는 패턴이 나타나게 되는 것이다.

위에 기술한 내용은 사실 나의 이야기다. 나는 반응 속도가 느리다. 처리 속도도 매우 느리다. 그래서 과제를 시간 내에 하려면 꼼꼼하게 살필 시간이 부족했고, 꼼꼼하게 살피다 보면 과제 수행을 시간 내에 마치지 못했었다. 정해진 시간 내에 과제를 끝내지 못하는 경험이 많아지면서 과제가 나오기 전에 충분히 생각할 시간이 미리 주어지지 않는 과제를 수행해야 하는 날이면 아침부터 불안을 느끼기 시작했다. 신경이 예민해지고, 과제 수행을 제때 마무리하지 못할까 봐 초조함을 경험하곤 했다. 나는 어렸을 때부터 이런 느낌이 너무 싫어서 과제를 미리 받을 수 있을 때는 일찍부터 과제 수행에 대한 전체적인 계획을 짰고, 그 계획에 맞춰 촉박하지 않게 진행하곤 했다. 다른 친구들은 미리미리 안 해도 잘만 했는데, 나는 남들보다 좀 더 일찍 과제를 시작하거나, 평상시에 어떻게 하면 과제를 빠르게 수행할 수 있는가에 대해 시뮬레이션하는 것을 습관화하게 되었다.

중고등학교 시절에는 과제가 미리 제시되는 경우가 많지 않아서 힘들었지만, 대학 이후에는 대부분 과제를 학기 초에 강의 계획서를 통해 안내받았기 때문에 이전보다는 훨씬 더 수월하게 과제를 마무리할 수 있게 되었다. 대학원 진학 후에는 더욱 쉬워졌다. 대학원 강의는 학기 초 강의 계획서를 받을 때, 한 학기 과제 제출 일자나 발표 일자 등이 모두 안내되기 때문에 사전에 준비하는 것이 더 쉬웠던 것이다.

결국 학교 급이 높아질수록 오히려 처리 속도에 제한을 느낄 일이 없게 되었다. 학교를 졸업하고, 이제 더 이상 학교 과제를 수행할 일이 없게 되었지만, 여전히 업무를 준비할 때 남들보다 먼저 계획을 짜고 미리미리 준비한다. 내 주변 사람들은 내가 일처리가 매우 빠르고 정확한 사람이라고 생각한다. 하지만 나는 일을 빠르고 정확하게 처리하기 위해서 평소에 늘 각성 상태로 대기해야만 하는 긴장되는 일상을 살고 있다. 그래서 우리 아이들 중 누군가가 나와 비슷한 경험을 하고 있다고 생각하면 괜스레 마음이 짠해진다. 그 각성의 시간들이 개인적으로는 굉장히 괴롭고 힘든 시기라는 것을 누구보다 잘 알고 있기 때문이다. 그래서 "천천히 해도 괜찮아"라고 누군가가 말해 줬으면 좋겠다고 생각했던 내 어린 시절 마음을 떠올리면서 그들에게 말해 주고 싶다.

"유창하지 않아도 괜찮아. 남들보다 조금 천천히 해도 괜찮아. 남들보다 조금 느리고, 천천히 가더라도 그 끝에 우리가 도착하기만 하면 되는 거야."

그와 더불어 부모들께도 옆집 아이의 속도계를 보며 내 아이에게 강요하지 않아 주기를 당부하고 싶다. 옆집 아이는 그 집 부모님들의 자식이고, 내 자식은 내 앞에 있다. 그쪽 유전자와 내 유전자가 다르고, 내 유전자를 닮은 내 아이는 나의 속도계를 닮았다. 더욱 중요한 점은 지금 빠르게 달린다고 해서 끝까지 그 속도로 완주할 수 있을지는 아무도 모른다. 내 아이의 속도계를 봐라. 그리고 그 속도계에 맞춰 템포를 조절해 주기 바란다.

독서를 취미로 만드는
책 읽기의 즐거움 속으로 빠져 보자

부모라면 누구나 자녀를 책 좋아하는 아이로 만들기 위해 노력한다. 하지만 오랫동안 공들인 수많은 노력보다 '잘 고른 책 한 권'이 더 효과적일 때가 있다. '아이의 성향에 맞는' '아이가 좋아할 만한' 책. 그것이 바로 '잘 고른 책'이다. 잘 고른 책 한 권은 아이에게 '독서'라는 행위에 대한 호감을 갖게 한다. 또한 아이가 좋아했던 그 책을 기준 삼아 내 아이의 독서 성향을 파악하고, 이후 아이가 좋아할 만한 책을 고르는 데에도 참고할 수 있다.

나는 책 읽기를 취미로 가진 사람들에게 '책 읽기의 재미는 어떤 느낌이야?'라고 질문을 날릴 만큼 책 읽는 것을 즐기지 않는다. 하지만 가끔 마음에 드는 주제를 찾으면 해당 분야의 추천 도서, 관련 도서 등을 집요하게 파고들며 읽는다.

최근에는 많은 사람들이 MBTI에 관심을 가지고 있지만, 내가 결혼하던 15년 전만 해도 MBTI에 대한 관심이 별로 없었다. 그런데 결혼생활이나 부부들 간의 성격 차이를 MBTI로 분석해 놓은 책을 보게 되었다. 성향이 달라도 너무 다른 남편과 나의 차이를 MBTI로 분석해 보니 꽤 흥미로웠다. 이해할 수 없는 남편의 행동을 볼 때마다 나와 다른 성향 때문이라고 생각하니 마음이 조금 편해졌다. 그 이후에 서점에 있는 MBTI 관련 도서를 찾아 대부분을 읽게 되었다. 그리고 한참을 MBTI 관련 도서에 파묻혀 살았다. 그리고 그 시기가 지나가자 또 한동안 책에서 아주 멀리 떨어진 생활을 하게 되었다. 나름의 번아웃이랄까.

이렇게 나는 내가 관심 있는 주제에 대한 지식 전달의 책 읽기를 즐긴다는 것을 알게 되었다. 이후에도 관심 있는 주제에 대한 지식과 정보를 재미있게 전달해 주는 책은 부담 없이 선택해 읽을 수 있었다. 나에게 맞는 책 읽기의 즐거움을 찾은 셈이다.

아이들에게도 마찬가지다. 아이들마다 책 읽기의 즐거움을 느끼는 포인트가 다를 수 있다. 그렇기 때문에 아이들이 좋아할 만한 책 읽기가 되도록 만들어 주는 것이 굉장히 중요하다. 어떻게 하면 아이들이 책 읽기의 즐거움에 빠지도록 만들어 줄 수 있을까?

① 아이가 좋아하는 분야를 다룬 책 중에서 쉬운 것부터 시작한다

아이에게 책 읽기의 즐거움을 느끼게 해 주고 싶다면 우선 아이가 관심 있는 주제를 다룬 내용을 읽게 하는 것이 중요하다. 누구나 자기가 좋아하는 분야에 대해서는 이미 다른 사람들보다 알고 있는 내용이 단 한 개라도 더 있기 마련이다. 책을 읽다가 자기가 알고 있는 내용이 나온다면 아이들은 신이 나서 박사라도 된 듯이 떠들어 댈 것이다. 그리고 그 내용을 더 많이 알고 싶어 할 것이고, 더 많이 이야기하고 싶어 할 것이다. 그렇기 때문에 아이들에게 즐거운 책 읽기 경험을 선사하고 싶다면 고민하지 말고, 아이가 좋아하는 분야에 대한 내용을 다룬 책을 제공하라. 한 가지 더 기억할 것은 보다 쉬운 책부터 시작하는 것이다. 만화책에서 시작해도 좋고, 동화책에서 시작해도 좋다. 대신 해당 내용에 대해 점차 난이도를 높여 가면서 읽을 수 있도록 방향성만 제공해 주면 된다.

② 아이의 특별한 일상과 관련된 책을 보여 준다

조만간 가족 여행 계획이 잡혀 있거나 거주하고 있는 지역 근교에 나들이를 떠날 계획이 있다면 이와 관련된 주제를 연계할 수 있는 책을 찾아보면 좋다. 예를 들어 전주 한옥 마을에 방문할 기회가 있다면《자연이 고스란히 담긴 우리 한옥》(정민지 글, 지문 그림, 주니어RHK, 2012) 같은 책을 보여 주는 식이다. 이 책을 통해 한옥을 직접 체험하러 가기 전에 한옥과 관련된 어휘나 한옥의 특성을 미리 알고 간다면 여행지에서 더 즐거운 추억을 남길 수 있을 것이다. 물론 아이에게 이러한 비문학 글을 먼저 제시할 때 아이가 여행이나 나들이에 대한 기대감이 사라지지 않을까 걱정이 되면 안 된다. 그렇기 때문에 여행을 떠나기 전에는 그림이나 사진 등을 통해 가볍게 노출하는 정도로 만족해야 할 수도 있다. 대신 다녀온 후에 좀 더 집중적인 책 읽기 기회를 노려 보는 것을 권한다.

③ 최근에 아이가 경험했던 사건과 관련된 책을 보여 준다

자신이 직접 경험한 것들에 대한 것이라면 누구에게나 특별한 느낌으로 다가올 수 있다. 앞서 ②에서 말한 것처럼 자신이 직접 가서 보고 만져 봤던 것들을 책에서 다시 만나면 좀 더 가벼운 마음과 흥미를 느끼며 책을 접할 수 있다. 이 외에도 짝을 바꾸면서 있었던 경험, 집안일을 돕지 않아서 부모에게 꾸중 들었던 경험, 학교에서 친구들과 다퉜던 경험과 같이 자신이 경험했던 사건과 같은 주제를 다룬 책이라면 주인공의 감정에 이입되면서 보다 그 사건과 주인공의 감정의 변화 등을 쉽게 이해할 수 있다. 문학 장르의 글은 사건의 배경과 주인공을 알고, 사건의 인과관계를 파악하고, 사건의 흐름에 따라 변화되는 주인공의 감정을 이해해 그 사건이 어떤 방향으로 해결되는지를 확인하는 것이 중요하다. 책 속 이야기에 자신이 경험한 사건이나 그때 느꼈던 감정을 적용할 수 있다면 자신의 경험과 비교하며 더욱 흥미 있게 읽을 수 있게 되므로 보다 쉽게 이해할 수 있다.

④ 하루에 읽을 책과 읽을 양을 자유롭게 선택하도록 기회를 준다

아이에게 책 읽기를 지도할 때 하루에 읽을 분량을 어떻게 정해서 읽혀야 하는 것일까. 양으로 정해 주자니 대충 읽고 넘어갈 것 같고, 시간을 정해 주자니 아이가 지루해할 것 같다. 또한 매일 같은 책만 골라서 읽는 아이를 볼 때마다, 혹은 학년 수준보다 너무 쉬운 책만 골라 읽는 아이를 볼 때마다 편식하며 책을 읽으면 과연 독해력이 늘까 걱정이다. 하지만 너무 걱정하지 마라. 이야기 글에 대한 재미를 느끼게 되면 궁금해서라도 정해진 분량을 넘겨 가며 읽기를 할 것이고, 흥미를 돋우는 주제를 발견하면 자연스럽게 책장에서 책을 꺼내 철퍼덕 앉아 읽기를 시작할 것이다. 너무 걱정하지 말고, 아이의 선택을 믿고 기다려 주자. 대개 아이들의 선택은 옳은 방향으로 나가는 경우가 많다. 당장은 부모가 원하는 만큼의 성과가 나타나지 않는 듯하고 부모가 원하는 곳을 향해 달려 나가는 것 같지 않겠지만, 부모의 꾸준한 칭찬과 기다려 줌을 통해 아이 스스로 자신의 선택이 옳았음을 증명해 낼 것이다.

에필로그

어쩌다 엄마, 미생을 지나 완생으로

미리 연습을 하고 나서 엄마가 되는 사람은 없다. 임신을 하고, 아이를 낳았더니, 엄마가 되어 있었다. 한 번도 해 본 적 없는 역할일 뿐만 아니라 그 누구도 어떻게 하면 된다고 가르쳐 주지 않았다. 그럼에도 불구하고 누구나 최고의 엄마가 되기 위해 노력한다. 인생에서 이런 노력을 해 본 적이 있을까 싶을 정도로 노력한다. 하지만 세상에서 내 뜻대로 되지 않는 게 단 하나 있다면 그게 바로 자식 아닐까. 내가 노력한 만큼 아이의 성과가 나오지 않을 수도 있고, 내가 원하는 대로 자라 주지도 않는다.

배워 본 적 없이 어쩌다 엄마 아빠가 된 부모들은 선배 부모들의 경험담이나 충고를 가슴 깊이 새기고 싶어 한다. 그래서 육아서를 구입하는 것이라 생각한다. 하지만 책 속의 아이가 내 아이가 아니고, 내가 그 글을 쓴 엄마가 아닌데, 거기서 말하는 모든 것들이 내 아이에게 딱 맞아떨어질 리 없다.

누구도 정답을 모른다. 심지어 첫째 아이를 키워 내고 둘째 아이를 키우는 중이어도 둘째 아이와 첫째 아이는 외모도 성격도 취향도 다르기 때문에 여전히 어렵다. 모두가 그렇다. ○○○의 엄마는 처음이라서 누구에게나, 언제나 어려운 것이다. 하지만 두 번째 경험이기 때문에 맷집이 조금 더 생겼을까? 예상치 못했던 문제와 맞닥뜨리더라도 첫째 아이 때만큼 당황하지는 않는다. 그리고 조금 더 유연하게 대처할 수 있다.

다른 이의 경험을 들어도 좋다. 다른 이의 충고를 새겨도 좋다. 다른 이의 로드맵을 따라도 좋다. 대신 내 아이는 그 아이와 다르다는 것을 절대 잊지 마라. 세상에 절대적인 단 하나의 방법이라는 것은 없다. 내 아이에게 맞는 방법을 찾기 위해 끊임없이 시도해 보고, 만약 실패했다면 다른 길을 찾아볼 수 있어야 한다. 또한 그 실패의 원인은 내 아이의 문제도, 나의 잘못도 아니라는 것을 기억하라. 끊임없는 노력의 과정에서 나타날 수 있는 예측하지 못했던 실패의 경험으로 엄마가 지치지 않길 바란다. 내가 부족하다거나 내 아이가 잘하지 못한다고 생각하지 말자. 우리 모두 잘할 수 있도록 최선의 노력을 다할 뿐이다. 아이가 잘하더라도, 그리고 아이가 잘하지 못하더라도 그 결과에서는 한 발짝 물러서길 바란다. 그것이 어쩌다 부모가 된 우리들이 취해야 할 올바른 모습이 아닐까.

누구나 처음은 어렵다. 그저 늘 노력할 뿐이다. 어떨 때는 나의 결정이 잘 들어맞고, 어쩔 때는 나의 예상에서 완전히 빗나간다. 그래도 또 치열하게 고민하고 결정을 내려야 한다. 하지만 내 고민의 정도와 내 아이의 진로나 학습 방향이 언제나 일치하지는 않는다. 그렇다면 나는 실패한 것일까? 나의 자식 농사가 성공적이었는지 아니면 실패였는지를 언제쯤 확신할 수 있을까. 국제중에 입학하는 순간? 영재고에 합격하는 순간? 명문 대학에 다니게 되었을 때? 좋은 회사에 취직하면? 이런 식으로 따지면 아마도 눈을 감는 그 순간까지 자식 농사가 성공적이었는지 실패였는지는 확인할 수 없을 것이다.

자식 농사가 미생인지 완생인지는 아이 인생의 특정 시점에 따라 결정되기보다 부모가 언제쯤 자녀의 인생에서 한 발짝 물러서 있을 것인지를 결정하는 그때가 될 것이다. 결국 부모가 자녀의 선택에 많이 참여하는 동안 우리는 여전히 자식 농사에서 미생일 수밖에 없다. 부모는 자식 농사의 완생을 부모가 오롯이 자기 자신으로 돌아올 때로 정해야 할 것이다.

부모가 온전히 자기 자신이 되었을 때 자식 농사에 완생을 둘 수 있다. 그리고 그때 아마 우리의 아이들도 한 뼘 더 성장할 수 있을 것이다. 부모의 따뜻하고 안전한 품에서 한 발짝 나와 세상에 발을 내딛고, 스스로 성장할 수 있게 될 것이다.

결국 미생인지 완생인지, 나의 선택이 옳았는지 틀렸는지, 나의 아이가 성공적인 삶의 궤도로 진입했는지 더 노력을 기울여야 하는지,

이 모든 것들을 부모 자신이 스스로 결정해야 한다.

성공적인 자식 농사의 기준도, 성공적인 자식 농사의 완생의 지점으로 도달하는 루트도, 그 방법도 모두 다양하다. 그러니 다른 누군가의 속도계와 다른 누군가의 방법을 그대로 따르지 말자. 쫓지 말자. 내 아이만의 개성과 내 아이만의 장점과 내 아이만의 행복을 기준으로 앞으로 나아가자.

실패인지 성공인지는 우리 스스로 정하는 것이고, 우리는 아직 그 결과를 알 수 없는 미생의 길에 서 있다.

아이 중심 읽기 수업

2021년 09월 09일 초판 01쇄 인쇄
2021년 09월 15일 초판 01쇄 발행

지은이 강민경

발행인 이규상 편집인 임현숙 책임편집 이수민
편집3팀 김은영 이수민 교정교열 신진
마케팅팀 이인규 윤지원 이지수 김별 김능연 영업지원 이순복 경영지원 김하나

펴낸곳 (주)백도씨
출판등록 제2012-000170호(2007년 6월 22일)
주소 03044 서울시 종로구 효자로7길 23, 3층(통의동 7-33)
전화 02 3443 0311(편집) 02 3012 0117(마케팅) 팩스 02 3012 3010
이메일 book@100doci.com(편집·원고 투고) valva@100doci.com(유통·사업 제휴)
포스트 post.naver.com/100doci 블로그 blog.naver.com/100doci 인스타그램 @growing__i

ISBN 978-89-6833-335-4 13590